DEUTSCHE AKADEMIE DER WISSENSCHAFTEN ZU BERLIN

Veröffentlichungen des Geodätischen Instituts in Potsdam

Nr. 11

BEITRÄGE ZUR GRAVIMETRISCHEN GEODÄSIE

von

KURT ARNOLD

1956

AKADEMIE-VERLAG · BERLIN

Erschienen im Akademie-Verlag GmbH., Berlin W 8, Mohrenstr. 39
Lizenz-Nr. 202 · 100/116/56
Gesamtherstellung: Druckerei „Thomas Müntzer", Langensalza
Bestell- und Verlagsnummer 2016/11
Preis: 6.00 DM
Printed in Germany

VORWORT

Die moderne Entwickelungsrichtung der Geodäsie enthält jene sehr wesentliche Komponente, die dadurch entstanden ist, daß man mit modernen Gravimetern Schweremessungen an der Erdoberfläche schnell und genau ausführen kann.

Das Wissensgebiet, das durch die Verwendung dieser Schweremessungen für die Lösung von Problemen der Geodäsie entstanden ist, faßt man vielfach unter der Bezeichnung „Gravimetrische Geodäsie" oder auch „Geodätische Gravimetrie" zusammen.

In der ersten der vorliegenden Abhandlungen wird eine Reihenentwicklung für die nach der STOKESschen Formel zu bestimmenden Geoidundulationen angegeben. Die Reihenentwickelung bricht nach den zweiten Potenzen ab und geschieht nach Unterschieden der geographischen Koordinaten gegenüber dem Entwickelungspunkt. Diese Reihenentwickelung gestattet auch die Bestimmung der Krümmung des Geoids auf gravimetrischem Wege. Eine derartige Potenzreihenentwickelung ist schon früher von anderen Autoren angegeben und auch praktisch benutzt worden. Allerdings kann ich in der vorliegenden ersten Abhandlung zeigen, daß jene Formeln nicht ganz einwandfrei sind.

In dem zweiten Beitrag handelt es sich um die gravimetrische Verbesserung des astronomischen Nivellements. Dadurch werden die Fehler der Hypothese der sogenannten „Kreisbogenbedingung" beseitigt. Es sei darauf hingewiesen, daß bei der Bestimmung relativer Geoidundulationen nach der Methode des astronomisch-gravimetrischen Nivellements nicht die Frage der Größe irgendwelcher höheren Potenzen einer Reihenentwickelung auftaucht, wie bei der Bestimmung absoluter Geoidundulationen mit Hilfe der erwähnten Reihenentwickelungen. Der Einfluß der Lotkrümmung auf das astronomisch-gravimetrische Nivellement läßt sich getrennt bestimmen. Ich bin darauf nicht näher eingegangen.

Die dritte Abhandlung befaßt sich mit dem Problem einer möglichst hypothesenfreien Bestimmung der Lotkrümmung. Ich gehe dabei nicht von Differenzenquotienten sondern von Differentialquotienten aus.

Bei der Durchführung der numerischen und analytischen Berechnungen und bei der Fertigung des Manuskriptes waren mir Herr Dipl.-Ing. SCHOEPS, Frau WEISE und Frl. RUST eine wertvolle Hilfe.

Potsdam, 19. November 1955 KURT ARNOLD

INHALTSÜBERSICHT

A. Reihenentwickelungen für die gravimetrischen Geoidundulationen

I

Die Stokessche Funktion für die Bestimmung der Geoidundulationen N aus Schweremessungen lautet bekanntlich, [1], S. 721:

$$N = \frac{R}{4\pi G} \int_\sigma \Delta g \, S_T(\psi) \, d\sigma \, [1 + \text{Gl.}\, e'^2] \tag{1}$$

R und G sind Mittelwerte für den Erdradius und die Schwere auf der Geoidfläche.

Δg ist die Schwereanomalie

$$\Delta g = g - \gamma$$

γ ist die Normalschwere. Die internationale Formel für die Normalschwere lautet, [1], S. 524:

$$\gamma = 978{,}0490\,(1 + 0{,}005\,2884 \sin^2 \varphi - 5{,}9 \cdot 10^{-6} \sin^2 2\varphi)$$

σ ist die Fläche der Einheitskugel, $d\sigma$ deren Flächenelement, $S_T(\psi)$ ist die sog. Stokessche Funktion.

$$S_T(\psi) = \operatorname{cosec}\frac{\psi}{2} + 1 - 6 \sin\frac{\psi}{2} - 5 \cos\psi - 3 \cos\psi \ln\left[\sin\frac{\psi}{2}\left(1 + \sin\frac{\psi}{2}\right)\right] \tag{2}$$

Zur Berechnung der N-Werte nach Gleichung (1) benötigt man Schwerewerte auf der ganzen Erdoberfläche.

Die gravimetrischen Lotabweichungen ξ bzw. η bestimmen sich aus den Differentialquotienten von N in Richtung des Linienelementes auf der Erdoberfläche längs des Meridians bzw. des ersten Vertikals. Es gelten bekanntlich nach Vening-Meinesz [2] folgende Gleichungen:

$$\xi = -\frac{1}{R}\frac{\partial N}{\partial \varphi} \tag{3}$$

$$\eta = -\frac{1}{R\cos\varphi}\frac{\partial N}{\partial \lambda} \tag{4}$$

Diese gravimetrischen Lotabweichungen ξ und η hängen hauptsächlich von den Schwerewerten ab, die sich in unmittelbarer Nähe (bis zu einer Entfernung von 1 000 km) des Punktes P, für den sie zu bestimmen sind, befinden.

So lassen sich die ersten Differentialquotienten von N schon in guter Annäherung aus einem Feld von Schwerewerten bestimmen, das sich nicht über die ganze Erdoberfläche erstreckt.

Zur Bestimmung der detailierten Form von Geoidflächenstücken ist es von Wichtigkeit, auch die zweiten Potenzen in der Reihenentwickelung für die Stokessche Formel zu kennen. Man hat dann folgende Reihenentwickelung nach den Unterschieden der geographischen Koordinaten:

$$N = N_0 + (N_\varphi)_0 \Delta\varphi + (N_\lambda)_0 \Delta\lambda + \frac{1}{2}(N_{\varphi\varphi})_0 \Delta\varphi^2 + (N_{\varphi\lambda})_0 \Delta\varphi\,\Delta\lambda + \frac{1}{2}(N_{\lambda\lambda})_0 \Delta\lambda^2$$

Aus den gravimetrischen Lotabweichungen bestimmen sich lediglich die ersten Potenzen in dieser Reihenentwickelung.

Die zweiten Potenzen in der genannten Reihenentwickelung gestatten ferner die Bestimmung der Änderung der gravimetrischen Lotabweichungen. So wird es möglich, astronomische Ortsbestimmungen exakt auf einen Punkt zu übertragen, der der Beobachtungsstation benachbart ist.

Sind φ_a, λ_a die astronomischen (geoidischen); φ_e, λ_e die ellipsoidischen Werte für die geogr. Breite und Länge, so gilt bekanntlich

$$\varphi_a = \varphi_e + \xi \tag{5}$$

$$\lambda_a = \lambda_e + \eta \cdot \operatorname{cosec}\varphi \tag{6}$$

Die Differentiale für das Linienelement ds auf dem Ellipsoid lauten dann:

$$\frac{\partial \varphi_a}{\partial s} \cdot ds = \frac{\partial \varphi_e}{\partial s} ds + \frac{\partial \xi}{\partial s} ds \tag{7}$$

$$\frac{\partial \lambda_a}{\partial s} ds = \frac{\partial \lambda_e}{\partial s} ds + \operatorname{cosec} \varphi \frac{\partial \eta}{\partial s} ds + \eta \cdot \frac{\partial \operatorname{cosec} \varphi}{\partial s} ds \tag{8}$$

Die Differentialquotienten $\frac{\partial \varphi_e}{\partial s}$, $\frac{\partial \lambda_e}{\partial s}$ und $\frac{\partial \operatorname{cosec} \varphi}{\partial s}$ ergeben sich mit einfachen Mitteln aus der Flächentheorie für das Rotationsellipsoid.

Die Differentialquotienten der Lotabweichungen ermitteln sich aus den zweiten Ableitungen von N, wie wir später zeigen werden.

Diese zweiten Ableitungen von N haben, wie wir finden werden, die bemerkenswerte Eigenschaft, in noch höherem Maße als die ersten Ableitungen von den der Station benachbarten Schwerewerten abhängig zu sein. Bei den zweiten Ableitungen ist also noch weniger eine Ausdehnung des Integrationsbereiches über die ganze Erdoberfläche erforderlich.

II

Wir gehen nun zur Bestimmung dieser 1. und 2. Differentialquotienten über.

In Abb. 1 ist P der bei der Integration feste Punkt, für den N zu bestimmen ist. P_1 ist der variable Punkt, der alle Flächenelemente der Einheitskugel durchläuft.

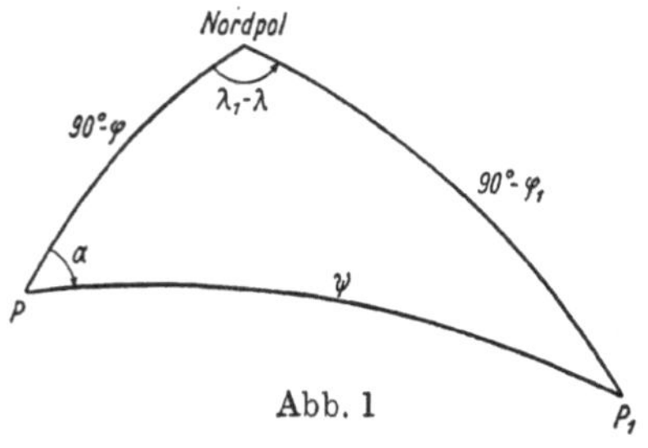

Abb. 1

Aus Abb. 1 entnehmen wir:

$$\cos \psi = \sin \varphi \sin \varphi_1 + \cos \varphi \cos \varphi_1 \cos (\lambda_1 - \lambda)$$

Δg ist eine Funktion nur von φ_1, λ_1

$$\Delta g = \Delta g\, (\varphi_1\,, \lambda_1)$$

So ergibt sich für (1)

$$N(\varphi, \lambda) = \frac{R}{4\pi G} \int\limits_{\sigma} \Delta g(\varphi_1, \lambda_1)\, S_T \left\{ \psi(\varphi, \lambda\, ; \varphi_1, \lambda_1) \right\} d\sigma \tag{9}$$

Die Differentiation liefert, indem wir bei den 2. Ableitungen die Unstetigkeitsstelle $\psi = 0$ aussondern:

$$N_\varphi = \frac{R}{4\pi G} \int\limits_{\sigma} \Delta g(\varphi_1,\ \lambda_1) \frac{dS_T}{d\psi}\, \psi_\varphi\, d\sigma \tag{10}$$

$$N_\lambda = \frac{R}{4\pi G} \int\limits_{\sigma} \Delta g(\varphi_1,\ \lambda_1) \frac{dS_T}{d\psi}\, \psi_\lambda\, d\sigma \tag{11}$$

$$N_{\varphi\varphi} = \frac{R}{4\pi G} \int\limits_{\bar\sigma} \Delta g(\varphi_1,\ \lambda_1) \left[\frac{d^2 S_T}{d\psi^2}\, \psi_\varphi^2 + \frac{dS_T}{d\psi}\, \psi_{\varphi\varphi}\right] d\sigma \qquad + L_{1.1} \tag{12}$$

$$N_{\varphi\lambda} = N_{\lambda\varphi} = \frac{R}{4\pi G} \int\limits_{\bar\sigma} \Delta g(\varphi_1,\ \lambda_1) \left[\frac{d^2 S_T}{d\psi^2}\, \psi_\varphi\, \psi_\lambda + \frac{dS_T}{d\psi}\, \psi_{\varphi\lambda}\right] d\sigma + L_{1\,2} \tag{13}$$

$$N_{\lambda\lambda} = \frac{R}{4\pi G} \int\limits_{\bar\sigma} \Delta g(\varphi_1,\ \lambda_1) \left[\frac{d^2 S_T}{d\psi^2}\, \psi_\lambda^2 + \frac{dS_T}{d\psi}\, \psi_{\lambda\lambda}\right] d\sigma \qquad + L_{2\,2} \tag{14}$$

$\bar\sigma$ ist die Fläche der Einheitskugel ohne die zentrale Kreisfläche $\psi = \psi_0$. Die $L_{i.k}$ ergeben sich aus einer besonderen Untersuchung der Singularität $\psi = 0$.

Aus Abb. 1 finden wir:

$$\psi_\varphi = -\cos \alpha \qquad\qquad \psi_\lambda = -\cos \varphi \sin \alpha \tag{15}$$

$$\alpha_\varphi = \operatorname{ctg} \psi \sin \alpha \qquad\qquad \alpha_\lambda = -\cos \varphi \operatorname{cotg} \psi \cos \alpha + \sin \varphi \tag{16}$$

Aus (3), (4), (10), (11) und (15) erhalten wir die gravimetrischen Lotabweichungen:

$$\xi = + \frac{1}{4\pi G} \int\limits_{\sigma} \Delta g \frac{\partial S_T}{\partial \psi} \cos\alpha \cdot d\sigma \tag{17}$$

$$\eta = + \frac{1}{4\pi G} \int\limits_{\sigma} \Delta g \frac{\partial S_T}{\partial \psi} \sin\alpha \cdot d\sigma \tag{18}$$

Aus (15) und (16) folgt:

$$\psi_{\varphi\varphi} = \psi_{\varphi\alpha}\,\alpha_\varphi = + \sin^2\alpha \operatorname{ctg}\psi \tag{19}$$

$$\psi_\varphi\,\psi_\lambda = + \sin\alpha\cos\alpha\cos\varphi \tag{20}$$

$$\psi_{\varphi\lambda} = \psi_{\varphi\alpha}\,\alpha_\lambda = - \sin\alpha\cos\alpha\cos\varphi\operatorname{ctg}\psi + \sin\alpha\sin\varphi \tag{21}$$

$$\psi_{\lambda\lambda} = \psi_{\lambda\alpha}\,\alpha_\lambda = + \cos^2\alpha\cos^2\varphi\operatorname{ctg}\psi - \sin\varphi\cos\varphi\cos\alpha \tag{22}$$

Es ergibt sich für (12), (13) und (14):

$$N_{\varphi\varphi} = \frac{R}{4\pi G} \int\limits_{\alpha=0}^{2\pi} d\alpha \int\limits_{\psi=\psi_0}^{\pi} \Delta g(\varphi_1,\lambda_1) \left[\cos^2\alpha \sin\psi \frac{d^2 S_T}{d\psi^2} + \sin^2\alpha\cos\psi\frac{dS_T}{d\psi}\right] d\psi + L_{1.1} \tag{23}$$

$$N_{\varphi\lambda} = N_{\lambda\varphi} = \frac{R\cos\varphi}{4\pi G} \int\limits_{\alpha=0}^{2\pi} d\alpha \int\limits_{\psi=\psi_0}^{\pi} \Delta g(\varphi_1,\lambda_1) \cdot$$

$$\left[\sin\alpha\cos\alpha\sin\psi\frac{d^2 S_T}{d\psi^2} + (-\sin\alpha\cos\alpha\cos\psi + \sin\alpha\operatorname{tg}\varphi\sin\psi)\cdot\frac{dS_T}{d\psi}\right] d\psi + L_{1.2} \tag{24}$$

$$N_{\lambda\lambda} = \frac{R\cos^2\varphi}{4\pi G} \int\limits_{\alpha=0}^{2\pi} d\alpha \int\limits_{\psi=\psi_0}^{\pi} \Delta g(\varphi_1,\lambda_1) \left[\sin^2\alpha\sin\psi\frac{d^2 S_T}{d\psi^2} + (\cos^2\alpha\cos\psi - \cos\alpha\operatorname{tg}\varphi\sin\psi)\frac{dS_T}{d\psi}\right] d\psi + L_{2.2} \tag{25}$$

Wir setzen zur Abkürzung

$$K_1 = \frac{1}{2}\left(\sin\psi\frac{d^2 S_T}{d\psi^2} + \cos\psi\frac{dS_T}{d\psi}\right) = \frac{1}{2}\frac{d}{d\psi}\left\{\sin\psi\frac{dS_T}{d\psi}\right\} \tag{26}$$

$$K_2 = \frac{1}{2}\left(\sin\psi\frac{d^2 S_T}{d\psi^2} - \cos\psi\frac{dS_T}{d\psi}\right) \tag{27}$$

Ferner ist bekanntlich

$$\sin\psi\frac{dS_T}{d\psi} = -\frac{2G}{\varrho''} V_M(\psi) \tag{28}$$

V_M ist die Funktion von Vening-Meinesz aus der Theorie der gravimetrischen Lotabweichungen, [2].

Mit den Gleichungen

$$\sin^2\alpha = \frac{1}{2} - \frac{1}{2}\cos 2\alpha\,; \qquad \cos^2\alpha = \frac{1}{2} + \frac{1}{2}\cos 2\alpha\,; \qquad \frac{1}{2}\sin 2\alpha = \sin\alpha\cos\alpha$$

erhalten wir aus (10), (11), (23), (24), (25):

$$N_\varphi = + \frac{R}{2\pi\varrho''} \int\limits_{\alpha=0}^{2\pi} d\alpha \int\limits_{\psi=0}^{\pi} \Delta g \cos\alpha\, V_M(\psi)\, d\psi \tag{29}$$

$$N_\lambda = + \frac{R\cos\varphi}{2\pi\varrho''} \int\limits_{\alpha=0}^{2\pi} d\alpha \int\limits_{\psi=0}^{\pi} \Delta g \sin\alpha\, V_M(\psi)\, d\psi \tag{30}$$

$$N_{\varphi\varphi} = \frac{R}{4\pi G} \int\limits_{\alpha=0}^{2\pi} d\alpha \int\limits_{\psi=\psi_0}^{\pi} \Delta g\,[K_1 + K_2\cos 2\alpha]\, d\psi + L_{1.1} \tag{31}$$

$$N_{\varphi\lambda} = N_{\lambda\varphi} = \frac{R\cos\varphi}{4\pi G} \int\limits_{\alpha=0}^{2\pi} d\alpha \int\limits_{\psi=\psi_0}^{\pi} \Delta g \sin 2\alpha \cdot K_2\, d\psi - \frac{R\cos\varphi}{2\pi\varrho''}\operatorname{tg}\varphi \int\limits_{\alpha=0}^{2\pi} d\alpha \int\limits_{\psi=\psi_0}^{\pi} \Delta g\sin\alpha\cdot V_M(\psi)\, d\psi + L_{1.2} \tag{32}$$

$$N_{\lambda\lambda} = \frac{R\cos^2\varphi}{4\pi G}\int\limits_{\alpha=0}^{2\pi} d\alpha \int\limits_{\psi=\psi_0}^{\pi} \Delta g\,[K_1 - K_2\cos 2\alpha]\,d\psi + \frac{R\cos^2\varphi}{2\pi\varrho''}\operatorname{tg}\varphi \int\limits_{\alpha=0}^{2\pi} d\alpha \int\limits_{\psi=\psi_0}^{\pi} \cos\alpha\, V_M(\psi)\,d\psi + L_{2.2} \tag{33}$$

Wir bestimmen jetzt die Größen $L_{1.1}$, $L_{1.2}$ und $L_{2.2}$ und setzen dazu folgende Abkürzungen:

$$\left.\begin{aligned} \overline{N}_\varphi &= \frac{R}{2\pi\varrho''}\int\limits_{\alpha=0}^{2\pi} d\alpha \int\limits_{\psi=0}^{\psi_0} \Delta g\cos\alpha\, V_M(\psi)\,d\psi \\ \overline{\overline{N}}_\lambda &= \overline{N}_\lambda\frac{1}{\cos\varphi} = \frac{R}{2\pi\varrho''}\int\limits_{\alpha=0}^{2\pi} d\alpha \int\limits_{\psi=0}^{\psi_0} \Delta g\sin\alpha\, V_M(\psi)\,d\psi \end{aligned}\right\} \tag{34}$$

Dann gelten für die zu untersuchenden Größen $L_{1.1}$, $L_{1.2}$ und $L_{2.2}$ folgende Gleichungen:

$$\left.\begin{aligned} L_{1.1} &= \frac{\partial\overline{N}_\varphi}{\partial\varphi} = \lim_{\Delta\varphi\to 0}\frac{\overline{N}_\varphi(\varphi+\Delta\varphi,\lambda) - \overline{N}(\varphi,\lambda)}{\Delta\varphi} \\ L_{1.2} &= \frac{\partial\overline{N}_\varphi}{\partial\lambda} = \lim_{\Delta\lambda\to 0}\frac{\overline{N}_\varphi(\varphi,\lambda+\Delta\lambda) - \overline{N}_\varphi(\varphi,\lambda)}{\Delta\lambda} \\ L_{2.1} &= \frac{\partial\overline{N}_\lambda}{\partial\varphi} = \frac{\partial}{\partial\varphi}(\overline{\overline{N}}_\lambda\cos\varphi) = \cos\varphi\,\frac{\partial\overline{\overline{N}}_\lambda}{\partial\varphi} - \overline{\overline{N}}_\lambda\sin\varphi \end{aligned}\right\} \tag{35}$$

Bekanntlich gilt

$$L_{1.2} = L_{2.1}$$

Ferner ist

$$L_{2.2} = \frac{\partial\overline{N}_\lambda}{\partial\lambda} = \cos\varphi\,\frac{\partial\overline{\overline{N}}_\lambda}{\partial\lambda}$$

Wir bestimmen also die Differentialquotienten

$$\frac{\partial\overline{N}_\varphi}{\partial\varphi};\quad \frac{\partial\overline{N}_\varphi}{\partial\lambda};\quad \frac{\partial\overline{\overline{N}}_\lambda}{\partial\varphi};\quad \frac{\partial\overline{\overline{N}}_\lambda}{\partial\lambda}$$

Zu diesem Zweck betrachten wir folgenden Grenzwert:

$$H_{i.\Theta} = \frac{R}{2\pi\varrho''}\lim_{\Delta\varepsilon\to 0}\frac{1}{\Delta\varepsilon}\left[\iint\limits_{\bar\sigma} f_{3'}(\alpha',\psi')\,f_i(\alpha')\,f_2(\psi')\,d\alpha'\,d\psi' - \iint\limits_{\bar\sigma} f_3(\alpha,\psi)\,f_i(\alpha)\,f_2(\psi)\,d\alpha\,d\psi\right]$$

$$= \frac{R}{2\pi\varrho''}\lim_{\Delta\varepsilon\to 0}\frac{1}{\Delta\varepsilon}[I_1 - I_2] \tag{36}$$

Θ ist das Azimut der Richtung der Differentiation, also das Azimut des Linienelementes $\Delta\varepsilon$ auf der Einheitskugel.

$$\Theta = 0^\circ \to \Delta\varepsilon = \Delta\varphi \qquad\qquad \Theta = 90^\circ \to \Delta\varepsilon = \cos\varphi\cdot\Delta\lambda$$

$\bar\sigma$ ist auf der Einheitskugel die Fläche des sphärischen Kreises mit dem Radius ψ_0 um den Punkt P. (Vgl. Abb. 2.)

Für $f_i(\alpha)$ gilt

$$f_1(\alpha) = \cos\alpha \qquad\qquad f_2(\alpha) = \sin\alpha \tag{37}$$

Es ist ferner

$$f_2(\psi) = V_M(\psi) \tag{38}$$

$f_3(\alpha,\psi)$ bzw. $f_{3'}(\alpha',\psi')$ ist die Funktion für die Schwereanomalie, dargestellt nach sphärischen Polarkoordinaten für die Punkte P bzw. P'.

Die Grenzwerte $H_{i.\Theta}$ haben folgende Bedeutung:

$$\left.\begin{aligned} H_{1.0^\circ} &= \frac{\partial N_\varphi}{\partial\varphi} & H_{1.90^\circ} &= \frac{\partial\overline{N}_\varphi}{\partial\lambda}\cdot\frac{1}{\cos\varphi} \\ H_{2.0^\circ} &= \frac{\partial\overline{\overline{N}}_\lambda}{\partial\varphi} & H_{2.90^\circ} &= \frac{\partial\overline{\overline{N}}_\lambda}{\partial\lambda}\cdot\frac{1}{\cos\varphi} \end{aligned}\right\} \tag{39}$$

Wir weisen noch darauf hin, daß wir den Anteil der zentralen Kreisfläche mit dem Radius

$$R\,\psi_0 = r_0 \tag{39a}$$

an den Lotabweichungen ξ und η mit $\bar{\xi}$ und $\bar{\eta}$ bezeichnen.

Also nach (17) und (18)

$$\left.\begin{aligned}\bar{\xi} &= \frac{1}{4\pi G}\int\limits_{\bar{\sigma}} \Delta g\,\frac{\partial S_T}{\partial\psi}\cos\alpha\cdot d\sigma\\ \bar{\eta} &= \frac{1}{4\pi G}\int\limits_{\bar{\sigma}} \Delta g\,\frac{\partial S_T}{\partial\psi}\sin\alpha\cdot d\sigma\end{aligned}\right\} \tag{40}$$

So ergibt sich mit (35), (39) und (40):

$$\left.\begin{aligned}L_{1.1} &= H_{1.0^\circ}\\ L_{1.2} &= \cos\varphi\cdot H_{1.90^\circ}\\ L_{2.1} &= \cos\varphi\cdot H_{2.0^\circ} + R\sin\varphi\cdot\bar{\eta}\\ L_{2.2} &= \cos^2\varphi\cdot H_{2.90^\circ}\end{aligned}\right\} \tag{41}$$

Es ist in der Formel (36)

$$\begin{aligned}f_3(\alpha,\psi) \cong c_0 + c_1\,\psi\cos\alpha + c_2\,\psi\sin\alpha + c_3\,\psi^2\cos^2\alpha\\ + c_4\,\psi^2\sin^2\alpha + c_5\,\psi^2\sin 2\alpha\end{aligned} \tag{42}$$

$$c_0\,.\,.\,.\,.\,.\,c_5 = \text{konst.}$$

$$\begin{aligned}c_0 &= \Delta g_0\\ c_k &= R^2\,\bar{c}_k \qquad k = 3,\,4,\,5\end{aligned} \tag{43}$$

Wir haben ferner als Meridiankonvergenz γ, Bild 2:

$$\gamma = \operatorname{tg}\varphi\sin\Theta\,\Delta\varepsilon + \cdots \tag{44}$$

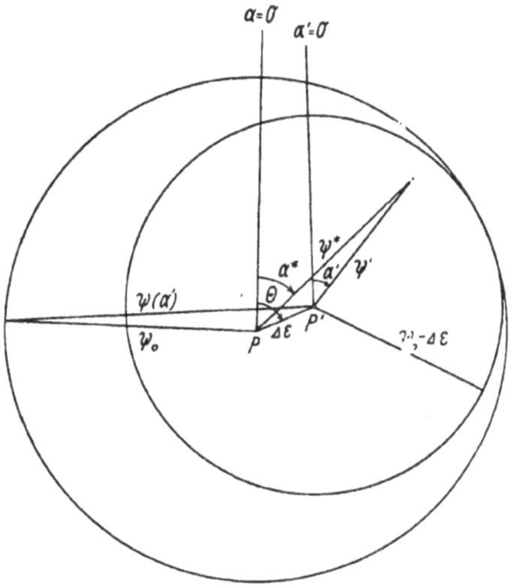

Abb 2.

Nun führen wir die Funktion $f_{3'}(\alpha',\psi')$ in (36) auf die Funktion $f_3(\alpha',\psi')$ zurück.

Aus Abb. 2 entnehmen wir:

$$f_{3'}(\alpha',\psi') = f_3(\alpha^*,\psi^*) \tag{45}$$

Die Unterschiede zwischen α^* und α' bzw. ψ^* und ψ' werden durch $\Delta\varepsilon$ bedingt.

Wir haben

$$\cos\psi^* = \cos\psi'\cos\Delta\varepsilon + \sin\psi'\sin\Delta\varepsilon\cos(180^\circ - \Theta - \gamma + \alpha') \tag{46}$$

Wenn $\Delta\varepsilon = 0$, dann ist $\psi^* = \psi'$.

Wir differenzieren Gleichung (47) nach ψ^* und ε und erhalten:

$$\begin{aligned}-\sin\psi^*\,d\psi^* = -\cos\psi'\sin\Delta\varepsilon\cdot d\varepsilon - \sin\psi'\cos\Delta\varepsilon\cos(\Theta+\gamma-\alpha')\,d\varepsilon +\\ + \sin\psi'\sin\Delta\varepsilon\sin(\Theta+\gamma-\alpha')\operatorname{tg}\varphi\sin\Theta\cdot d\varepsilon\end{aligned}$$

Mit $\Delta\varepsilon = 0$ ergibt sich

$$\frac{\partial\psi^*}{\partial\varepsilon} = \cos(\Theta - \alpha') \tag{47}$$

Also

$$\psi^* - \psi' = \frac{\partial\psi^*}{\partial\varepsilon}\,\Delta\varepsilon = +\cos(\Theta-\alpha')\,\Delta\varepsilon \tag{48}$$

Analog ergibt sich für α^* und α':

$$\frac{\sin\psi^*}{\sin(180^\circ - \Theta - \gamma + \alpha')} = \frac{\sin\psi'}{\sin(\Theta - \alpha^*)} \tag{49}$$

$$\sin\psi^*\sin(\Theta - \alpha^*) = \sin\psi'\sin(\Theta + \gamma - \alpha')$$

$$\sin\psi^*\sin(\Theta - \alpha^*) = \sin\psi'\sin(\Theta - \alpha') + \sin\psi'\cos(\Theta-\alpha')\operatorname{tg}\varphi\sin\Theta\cdot\Delta\varepsilon + \text{Gl. }\Delta\varepsilon^2$$

Wir entwickeln ψ^* und α^* nach ψ' und α'

$$\begin{aligned}\sin\psi^*\sin(\Theta - \alpha^*) = \sin\psi'\sin(\Theta - \alpha') + \cos\psi'\sin(\Theta-\alpha')\cos(\Theta-\alpha')\,\Delta\varepsilon\\ - \sin\psi'\cos(\Theta-\alpha')(\alpha^* - \alpha') + \text{Gl. }\Delta\varepsilon^2\end{aligned}$$

So folgt

$$\alpha^* - \alpha' = \frac{\partial \alpha^*}{\partial \varepsilon} \Delta\varepsilon = [-\operatorname{tg}\varphi \sin\Theta + \operatorname{ctg}\psi' \sin(\Theta - \alpha')] \Delta\varepsilon \tag{50}$$

Mit (48) und (50) erhalten wir aus (45)

$$f_{3'}(\alpha', \psi') = f_3(\alpha', \psi') + \frac{\partial f_3}{\partial \alpha'} \cdot \frac{\partial \alpha^*}{\partial \varepsilon} \Delta\varepsilon + \frac{\partial f_3}{\partial \psi'} \cdot \frac{\partial \psi^*}{\partial \varepsilon} \Delta\varepsilon + \text{Gl.}\ \Delta\varepsilon^2 \tag{51}$$

Aus (48) ergibt sich ferner (vgl. Abb. 2):

$$\psi(\alpha') - \psi_0 = -\cos(\Theta - \alpha') \Delta\varepsilon + \text{Gl.}\ \Delta\varepsilon^2 \tag{52}$$

Aus (42) bestimmen wir die Differentialquotienten

$$\frac{\partial f_3}{\partial \alpha'} \quad \text{und} \quad \frac{\partial f_3}{\partial \psi'}$$

$$\frac{\partial f_3}{\partial \alpha} = -c_1 \psi \sin\alpha + c_2 \psi \cos\alpha - 2 c_3 \psi^2 \sin\alpha \cos\alpha + 2 c_4 \psi^2 \sin\alpha \cos\alpha + 2 c_5 \psi^2 \cos 2\alpha \tag{53}$$

$$\frac{\partial f_3}{\partial \psi} = + c_1 \cos\alpha + c_2 \sin\alpha + 2 c_3 \psi \cos^2\alpha + 2 c_4 \psi \sin^2\alpha + 2 c_5 \psi \sin 2\alpha \tag{54}$$

Wir lösen nun die Gleichung (36) auf:

$$\left.\begin{aligned}
I_1 &= \iint_\sigma f_{3'}(\alpha', \psi') f_i(\alpha') f_2(\psi')\, d\alpha'\, d\psi' \\
I_1 &= \left\{ \int\limits_{\alpha'=0}^{2\pi} \int\limits_{\psi'=0}^{\psi_0} + \int\limits_{\alpha'=0}^{2\pi} \int\limits_{\psi'=\psi_0}^{\psi(\alpha')} \right\} \left\{ f_3(\alpha', \psi') + \frac{\partial f_3}{\partial \alpha'} \frac{\partial \alpha^*}{\partial \varepsilon} \Delta\varepsilon + \frac{\partial f_3}{\partial \psi'} \frac{\partial \psi^*}{\partial \varepsilon} \Delta\varepsilon \right\} f_i(\alpha') f_2(\psi')\, d\alpha'\, d\psi' \\
I_1 &= I_2 + \Delta\varepsilon \int\limits_{\alpha'=0}^{2\pi} \int\limits_{\psi'=0}^{\psi_0} \left\{ \frac{\partial f_3}{\partial \alpha'} \frac{\partial \alpha^*}{\partial \varepsilon} + \frac{\partial f_3}{\partial \psi'} \frac{\partial \psi^*}{\partial \varepsilon} \right\} f_i(\alpha') f_2(\psi')\, d\alpha'\, d\psi' \\
&\qquad + \int\limits_{\alpha'=0}^{2\pi} \int\limits_{\psi'=\psi_0}^{\psi(\alpha')} \{ f_3(\alpha', \psi') + \text{Gl.}\ \Delta\varepsilon \} f_i(\alpha') f_2(\psi')\, d\alpha'\, d\psi'
\end{aligned}\right\} \tag{55}$$

Das zweite Integral auf der rechten Seite von (55) läßt sich mit (52) leicht auflösen.

Es ist gleich

$$-\Delta\varepsilon \int\limits_{\alpha'=0}^{2\pi} \{ f_3(\alpha', \psi_0) + \text{Gl.}\ \Delta\varepsilon \} \cos(\Theta - \alpha') f_i(\alpha') f_2(\psi_0)\, d\alpha' \tag{56}$$

So erhalten wir mit (55) und (56) aus (36)

$$H_{i.\Theta} = \frac{R}{2\pi\varrho''} \left[\int\limits_{\alpha'=0}^{2\pi} \int\limits_{\psi'=0}^{\psi_0} \left\{ \frac{\partial f_3}{\partial \alpha'} \frac{\partial \alpha^*}{\partial \varepsilon} + \frac{\partial f_3}{\partial \psi'} \frac{\partial \psi^*}{\partial \varepsilon} \right\} f_i(\alpha') f_2(\psi')\, d\alpha'\, d\psi' - \int\limits_{\alpha'=0}^{2\pi} f_3(\alpha', \psi_0) \cos(\Theta - \alpha') f_i(\alpha') f_2(\psi_0)\, d\alpha' \right] \tag{57}$$

Wir führen für die 3 Integrale auf der rechten Seite von (57) Abkürzungen ein und erhalten

$$H_{i.\Theta} = {}_1H_{i.\Theta} + {}_2H_{i.\Theta} + {}_3H_{i.\Theta} \tag{58}$$

Es ist im einzelnen

$$\left.\begin{aligned}
{}_1H_{i.\Theta} &= \frac{R}{2\pi\varrho''} \int\limits_{\alpha=0}^{2\pi} \int\limits_{\psi=0}^{\psi_0} \frac{\partial f_3}{\partial \alpha} \frac{\partial \alpha^*}{\partial \varepsilon} f_i(\alpha) f_2(\psi)\, d\alpha\, d\psi \\
{}_1H_{i.\Theta} &= \frac{R}{2\pi\varrho''} \int\limits_{\alpha=0}^{2\pi} \int\limits_{\psi=0}^{\psi_0} [-(-c_1 \psi \sin\alpha + c_2 \psi \cos\alpha) \operatorname{tg}\varphi \sin\Theta + (-2 c_3 \psi^2 \sin\alpha \cos\alpha + \\
&\quad + 2 c_4 \psi^2 \sin\alpha \cos\alpha + 2 c_5 \psi^2 \cos 2\alpha) \operatorname{ctg}\psi \sin(\Theta - \alpha)] f_i(\alpha) f_2(\psi)\, d\alpha\, d\psi
\end{aligned}\right\} \tag{59}$$

Wir berechnen ferner ${}_2H_{i.\Theta}$

$$\left.\begin{aligned} {}_2H_{i.\Theta} &= \frac{R}{2\pi\varrho''}\int\limits_{\alpha=0}^{2\pi}\int\limits_{\psi=0}^{\psi_0}\frac{\partial f_3}{\partial\psi}\frac{\partial\psi^*}{\partial\varepsilon}f_i(\alpha)\,f_2(\psi)\,d\alpha\,d\psi \\ {}_2H_{i.\Theta} &= \frac{R}{2\pi\varrho''}\int\limits_{\alpha=0}^{2\pi}\int\limits_{\psi=0}^{\psi_0}(2\,c_3\,\psi\cos^2\alpha + 2\,c_4\,\psi\sin^2\alpha + 2\,c_5\,\psi\sin 2\alpha)\cos(\Theta-\alpha)\,f_i(\alpha)\,f_2(\psi)\,d\alpha\,d\psi \end{aligned}\right\} \tag{60}$$

In (59) können wir in genügender Näherung setzen

$$\operatorname{ctg}\psi \cong \frac{1}{\psi}\,; \tag{61}$$

denn die Reihenentwickelung für ψ lautet

$$\operatorname{ctg}\psi = \frac{1}{\psi}\left(1 - \frac{1}{3}\psi^2 - \cdots\right)$$

Der relative Fehler von (61) beträgt also, ohne Rücksicht auf das Vorzeichen genommen

$$\frac{1}{3}\psi^2 = \frac{1}{3}\left(\frac{r}{R}\right)^2$$

Mit $r = 100$ km ergibt sich

$$\frac{1}{3}\psi^2 \cong \frac{1}{3}\left(\frac{1}{64}\right)^2 \cong \frac{1}{10\,000} \tag{62}$$

Damit ist die Berechtigung der Gleichung (61) erwiesen. Wir addieren ${}_1H_{i.\Theta}$ und ${}_2H_{i.\Theta}$ und erhalten

$$\begin{aligned} {}_1H_{i.\Theta} + {}_2H_{i.\Theta} &= \frac{R\operatorname{tg}\varphi\sin\Theta}{2\pi\varrho''}\int\limits_{\alpha=0}^{2\pi}\int\limits_{\psi=0}^{\psi_0}(c_1\sin\alpha - c_2\cos\alpha)\,f_i(\alpha)\,\psi\,f_2(\psi)\,d\alpha\,d\psi\,+ \\ &+ \frac{R}{2\pi\varrho''}\int\limits_{\alpha=0}^{2\pi}\int\limits_{\psi=0}^{\psi_0}[2\,c_3\cos\Theta\cos\alpha + 2\,c_4\sin\Theta\sin\alpha + 2\,c_5\sin(\Theta+\alpha)]\,f_i(\alpha)\,\psi\,f_2(\psi)\,d\alpha\,d\psi \end{aligned} \tag{63}$$

Wir erhalten weiter

$${}_3H_{i.\Theta} = -\frac{R}{2\pi\varrho''}f_2(\psi_0)\int\limits_{\alpha=0}^{2\pi}(c_0 + c_3\,\psi_0^2\cos^2\alpha + c_4\,\psi_0^2\sin^2\alpha + c_5\,\psi_0^2\sin 2\,\alpha)\cos(\Theta-\alpha)\,f_i(\alpha)\,d\alpha \tag{64}$$

Wir integrieren in (63) über ψ, wobei wir von der Näherung

$$f_2(\psi) = \frac{\varrho''}{G}\cdot\frac{1}{\psi} \tag{65}$$

Gebrauch machen und erhalten:

$$\begin{aligned} {}_1H_{i.\Theta} + {}_2H_{i.\Theta} &= \frac{R\psi_0}{2\pi G}\operatorname{tg}\varphi\sin\Theta\int\limits_{\alpha=0}^{2\pi}(c_1\sin\alpha - c_2\cos\alpha)\,f_i(\alpha)\,d\alpha\,+ \\ &+ \frac{R\psi_0}{\pi G}\int\limits_{\alpha=0}^{2\pi}[c_3\cos\Theta\cos\alpha + c_4\sin\Theta\sin\alpha + c_5\sin(\Theta+\alpha)]\,f_i(\alpha)\,d\alpha \end{aligned} \tag{66}$$

Mit (37) ergibt sich

$$\left.\begin{aligned} {}_1H_{1.0^\circ} + {}_2H_{1.0^\circ} &= \frac{r_0}{G}\,c_3 \\ {}_1H_{1.90^\circ} + {}_2H_{1.90^\circ} &= -\frac{r_0}{2G}\,c_2\operatorname{tg}\varphi + \frac{r_0}{G}\,c_5 \\ {}_1H_{2.0^\circ} + {}_2H_{2.0^\circ} &= \frac{r_0}{G}\,c_5 \\ {}_1H_{2.90^\circ} + {}_2H_{2.90^\circ} &= +\frac{r_0}{2G}\,c_1\operatorname{tg}\varphi + \frac{r_0}{G}\,c_4 \end{aligned}\right\} \tag{67}$$

Aus (64) folgt:

$$\left.\begin{aligned}
{}_3H_{1.0^\circ} &= -\frac{R^2 c_0}{2Gr_0} - \frac{3}{8}\frac{r_0}{G}c_3 - \frac{1}{8}\frac{r_0}{G}c_4 \\
{}_3H_{1.90^\circ} &= -\frac{r_0}{4G}c_5 \\
{}_3H_{2.0^\circ} &= -\frac{r_0}{4G}c_5 \\
{}_3H_{2.90^\circ} &= -\frac{R^2 c_0}{2Gr_0} - \frac{r_0}{8G}c_3 - \frac{3}{8}\frac{r_0}{G}c_4
\end{aligned}\right\} \tag{68}$$

So haben wir schließlich

$$\left.\begin{aligned}
H_{1.0^\circ} &= -\frac{R^2 c_0}{2Gr_0} + \frac{5}{8}\frac{r_0}{G}c_3 - \frac{1}{8}\frac{r_0}{G}c_4 \\
H_{1.90^\circ} &= -\frac{r_0}{2G}c_2 \operatorname{tg}\varphi + \frac{3}{4}\frac{r_0}{G}c_5 \\
H_{2.0^\circ} &= +\frac{3}{4}\frac{r_0}{G}c_5 \\
H_{2.90^\circ} &= +\frac{r_0}{2G}c_1 \operatorname{tg}\varphi - \frac{R^2 c_0}{2Gr_0} - \frac{r_0}{8G}c_3 + \frac{5}{8}\frac{r_0}{G}c_4
\end{aligned}\right\} \tag{69}$$

Aus (69) erhalten wir mit (41)

$$\left.\begin{aligned}
L_{1.1} &= -\frac{R^2 c_0}{2Gr_0} + \frac{5}{8}\frac{r_0}{G}c_3 - \frac{1}{8}\frac{r_0}{G}c_4 \\
L_{1.2} &= -\frac{r_0}{2G}c_2 \sin\varphi + \frac{3}{4}\frac{r_0}{G}c_5 \cos\varphi \\
L_{2.1} &= +R\sin\varphi\cdot\bar{\eta} + \frac{3}{4}\frac{r_0}{G}c_5\cos\varphi \\
L_{2.2} &= \frac{r_0}{2G}c_1\cos\varphi\sin\varphi - \frac{R^2 c_0}{2Gr_0}\cos^2\varphi - \frac{r_0}{8G}c_3\cos^2\varphi + \frac{5}{8}\frac{r_0}{G}c_4\cos^2\varphi
\end{aligned}\right\} \tag{70}$$

Es bleibt noch übrig, zu zeigen, daß

$$L_{1.2} = L_{2.1}$$

Es muß dann mit (40) gelten

$$\bar{\eta} = \frac{1}{4\pi G}\int_\sigma \Delta g \frac{\partial S_T}{\partial\psi}\sin\alpha\, d\sigma = -\frac{1}{R}\cdot\frac{r_0}{2G}c_2$$

Mit $\Delta g = f_3(\alpha, \psi)$ und $\sin\psi\dfrac{dS_T}{d\psi} = -\dfrac{2G}{\varrho''}V_M(\psi) \cong -\dfrac{2}{\psi}$

erhalten wir

$$\left.\begin{aligned}
\bar{\eta} &= -\frac{1}{2\pi G}\int_{\alpha=0}^{2\pi}\int_{\psi=0}^{\psi_0} f_3(\alpha,\psi)\frac{1}{\psi}\sin\alpha\, d\alpha\, d\psi \\
\bar{\eta} &= -\frac{c_2}{2\pi G}\int_{\psi=0}^{\psi_0} d\psi\int_{\alpha=0}^{2\pi}\sin^2\alpha\, d\alpha = -\frac{c_2}{2G}\cdot\psi_0 = -\frac{r_0}{2RG}c_2
\end{aligned}\right\} \tag{71}$$

Analog finden wir

$$\bar{\xi} = -\frac{r_0}{2RG}c_1 \tag{72}$$

So wird mit (71) und (72) aus (70)

$$\left.\begin{aligned}
L_{1.1} &= -\frac{R^2 c_0}{2Gr_0} + \frac{5}{8}\frac{r_0}{G}c_3 - \frac{1}{8}\frac{r_0}{G}c_4 \\
L_{1.2} = L_{2.1} &= R\sin\varphi\cdot\bar{\eta} + \frac{3}{4}\frac{r_0}{G}c_5\cos\varphi \\
L_{2.2} &= -R\operatorname{tg}\varphi\cos^2\varphi\,\bar{\xi} - \frac{R^2 c_0}{2Gr_0}\cos^2\varphi - \frac{r_0}{8G}c_3\cos^2\varphi + \frac{5}{8}\frac{r_0}{G}c_4\cos^2\varphi
\end{aligned}\right\} \tag{73}$$

Setzen wir (73) in (31), (32), (33) ein, so erhalten wir mit

$$\xi = -\frac{1}{2\pi\varrho''}\int_{\alpha=0}^{2\pi} d\alpha \int_{\psi=0}^{\pi} \Delta g \cos\alpha \; V_M(\psi)\, d\psi \tag{74}$$

und

$$\eta = -\frac{1}{2\pi\varrho''}\int_{\alpha=0}^{2\pi} d\alpha \int_{\psi=0}^{\pi} \Delta g \sin\alpha \; V_M(\psi)\, d\psi \tag{75}$$

die folgenden zweiten Differentialquotienten, unter Berücksichtigung von (43):

$$N_{\varphi\varphi} = \frac{R}{4\pi G}\int_{\alpha=0}^{2\pi} d\alpha \int_{\psi=\psi_0}^{\pi} \Delta g\,[K_1 + K_2 \cos 2\alpha]\, d\psi + R^2\left[-\frac{\Delta g_0}{2 r_0 G} + \frac{5}{8G} r_0 \bar{c}_3 - \frac{1}{8G} r_0 \bar{c}_4\right] \tag{76}$$

$$N_{\varphi\lambda} = N_{\lambda\varphi} = \frac{R\cos\varphi}{4\pi G}\int_{\alpha=0}^{2\pi} d\alpha \int_{\psi=\psi_0}^{\pi} \Delta g \sin 2\alpha \cdot K_2\, d\psi + R^2 \cos\varphi\left[\frac{1}{R}\operatorname{tg}\varphi\cdot\eta + \frac{3}{4G} r_0 \bar{c}_5\right] \tag{77}$$

$$N_{\lambda\lambda} = \frac{R\cos^2\varphi}{4\pi G}\int_{\alpha=0}^{2\pi} d\alpha \int_{\psi=\psi_0}^{\pi} \Delta g\,[K_1 - K_2\cos 2\alpha]\, d\psi + R^2\cos^2\varphi\,\cdot$$

$$\cdot\left[-\frac{1}{R}\operatorname{tg}\varphi\cdot\xi - \frac{\Delta g_0}{2 r_0 G} - \frac{r_0}{8G}\bar{c}_3 + \frac{5}{8G} r_0 \bar{c}_4\right] \tag{78}$$

In den Gleichungen (76) und (78) können wir setzen

$$\frac{R^2 c_0}{2G\, r_0} = \Delta g_0 \frac{R}{2\varrho''} V_M(\psi_0) \tag{79}$$

III

Wir wollen noch die Differentialquotienten von ξ und η bestimmen. Es gilt nach VENING-MEINESZ, vgl. (3), (4), für die Lotabweichungen

$$N_\varphi(\varphi,\lambda) = -R\cdot\xi(\varphi,\lambda) \qquad N_\lambda(\varphi,\lambda) = -R\cos\varphi\cdot\eta(\varphi,\lambda)$$

Hieraus folgt, wenn dx das Linienelement in der Nordrichtung und dy das in der Ostrichtung ist,

$$\left.\begin{aligned} dx &= R\, d\varphi \\ dy &= R\cos\varphi\, d\lambda \end{aligned}\right\} \tag{80}$$

$$\left.\begin{aligned} N_{\varphi\varphi} &= -R^2\frac{\partial\xi}{\partial x} \\ N_{\varphi\lambda} &= -R^2\cos\varphi\frac{\partial\xi}{\partial y} \\ N_{\lambda\varphi} &= -R^2\cos\varphi\frac{\partial\eta}{\partial x} + R\sin\varphi\cdot\eta \\ N_{\lambda\lambda} &= -R^2\cos^2\varphi\frac{\partial\eta}{\partial y} \end{aligned}\right\} \tag{81}$$

$$\left.\begin{aligned} \frac{\partial\xi}{\partial x} &= -\frac{1}{R^2} N_{\varphi\varphi} \\ \frac{\partial\xi}{\partial y} &= -\frac{1}{R^2\cos\varphi} N_{\varphi\lambda} \\ \frac{\partial\eta}{\partial x} &= -\frac{1}{R^2\cos\varphi} N_{\lambda\varphi} + \frac{1}{R}\operatorname{tg}\varphi\cdot\eta = \frac{\partial\xi}{\partial y} + \frac{1}{R}\operatorname{tg}\varphi\cdot\eta \\ \frac{\partial\eta}{\partial y} &= -\frac{1}{R^2\cos^2\varphi}\cdot N_{\lambda\lambda} \end{aligned}\right\} \tag{82}$$

So haben wir für die Ableitungen der gravimetrischen Lotabweichungen

$$\frac{\partial \xi''}{\partial x} = -\frac{\varrho''}{4\pi G R} \int\limits_{\alpha=0}^{2\pi} d\alpha \int\limits_{\psi=\psi_0}^{\pi} \Delta g\,[K_1(\psi) + K_2(\psi)\cos 2\alpha]\,d\psi + \frac{\Delta g_0}{2\,r_0 G} - \frac{5\,r_0}{8G}\bar{c}_3 + \frac{r_0}{8G}\bar{c}_4 \tag{83}$$

$$\frac{\partial \xi''}{\partial y} = -\frac{\varrho''}{4\pi G R} \int\limits_{\alpha=0}^{2\pi} d\alpha \int\limits_{\psi=\psi_0}^{\pi} \Delta g \sin 2\alpha \cdot K_2(\psi)\,d\psi - \frac{1}{R}\,\mathrm{tg}\,\varphi \cdot \eta'' - \frac{3 r_0}{4G}\bar{c}_5 \tag{84}$$

$$\frac{\partial \eta''}{\partial x} = -\frac{\varrho''}{4\pi G R} \int\limits_{\alpha=0}^{2\pi} d\alpha \int\limits_{\psi=\psi_0}^{\pi} \Delta g \sin 2\alpha \cdot K_2(\psi)\,d\psi - \frac{3\,r_0}{4G}\bar{c}_5 \tag{85}$$

$$\frac{\partial \eta''}{\partial y} = -\frac{\varrho''}{4\pi G R} \int\limits_{\alpha=0}^{2\pi} d\alpha \int\limits_{\psi=\psi_0}^{\pi} \Delta g\,[K_1(\psi) - K_2(\psi)\cos 2\,\alpha]\,d\psi + \frac{1}{R}\,\mathrm{tg}\,\varphi \cdot \xi'' + \frac{\Delta g_0}{2\,r_0 G} + \frac{r_0}{8G}\bar{c}_3 - \frac{5\,r_0}{8\,G}\bar{c}_4 \tag{86}$$

Für $K_1(\psi)$ und $K_2(\psi)$ finden wir folgende Reihenentwickelungen

$$K_1(\psi) = +\frac{1}{\psi^2} - \frac{49}{24} + \left(\frac{19}{2} - 3\ln 2\right)\psi + \\ + \frac{9113}{1920}\psi^2 - \left(\frac{41}{6} - 2\ln 2\right)\psi^3 - \frac{303\,439}{193\,536}\psi^4 + (3\psi - 2\psi^3)\ln\psi + \cdots \tag{87}$$

$$K_2(\psi) = +\frac{3}{\psi^2} + \frac{3}{\psi} + \frac{11}{8} + \frac{1}{2}\psi + \frac{113}{640}\psi^2 - \frac{16}{15}\psi^3 + \frac{1229}{64\,512}\psi^4 + \cdots \tag{88}$$

Formeln für die Differentialquotienten der gravimetrischen Lotabweichungen sind schon früher angegeben worden, [3], S. 5, Gl. (2.11); [4], S. 51, Gl. IV: 3 . . . Diese in [3] und [4] angegebenen Formeln stimmen untereinander überein, sie sind jedoch nicht einwandfrei, so daß ich hier mit den Formeln (83), (84), (85), (86) zu anderen Ergebnissen gekommen bin. Während in [3] keine ausführliche Ableitung für die Differentialquotienten der gravimetrischen Lotabweichungen angegeben ist, finden wir in [4], S. 50, eine ins einzelne gehende Entwicklung, die im Prinzip etwa folgenden unrichtigen Schluß enthält (Gl. IV: 2b, S. 50).

Statt

$$\lim_{\Delta x \to 0} \frac{f(x+\Delta x)(1+\Delta x) - f(x)}{\Delta x} = \lim_{\Delta x \to 0} \frac{f(x+\Delta x) - f(x)}{\Delta x} = f'(x)$$

muß es heißen

$$\lim_{\Delta x \to 0} \frac{f(x+\Delta x)(1+\Delta x) - f(x)}{\Delta x} = \lim_{\Delta x \to 0} \frac{f(x+\Delta x) - f(x)}{\Delta x} + \lim_{\Delta x \to 0} \frac{f(x+\Delta x)\,\Delta x}{\Delta x} = f'(x) + f(x)$$

Die Unterschiede zwischen [4], Gl. IV: 3, und meiner Gleichung (84) z. B. können nicht näherungsweise vernachlässigt werden. Bringen wir beide Formeln auf dieselbe Basis so ergibt sich nämlich z. B.

$$\text{IV: 3} \quad \frac{\partial \xi}{\partial y} = -\frac{1}{4\pi G} \int\limits_{\psi=0}^{\pi} \int\limits_{\alpha=0}^{2\pi} \Delta g \sin\psi \frac{d^2 S_T}{d\psi} \sin\alpha\cos\alpha\,d\psi\,d\alpha$$

und meine Gleichung (84)

$$\frac{\partial \xi}{\partial y} = -\frac{1}{4\pi G} \int\limits_{\psi=0}^{\pi} \int\limits_{\alpha=0}^{2\pi} \Delta g \left\{\sin\psi \frac{d^2 S_T}{d\psi} - \cos\psi \frac{dS_T}{d\psi}\right\} \sin\alpha\cos\alpha\,d\psi\,d\alpha - \mathrm{tg}\,\varphi \cdot \eta''$$

Aus dem Vergleich der Hauptglieder folgender Reihenentwickelungen

$$\sin\psi \frac{d^2 S_T}{d\psi^2} \cong +\frac{4}{\psi^2}$$

$$\sin\psi \frac{d^2 S_T}{d\psi^2} - \cos\psi \frac{dS_T}{d\psi} \cong +\frac{6}{\psi^2}$$

erkennen wir, daß die Gleichung IV: 3 zu einer Unrichtigkeit von ca. 30 % führen muß.

Das Glied $-\frac{1}{R}\operatorname{tg}\varphi\cdot\eta''$ in meiner Gleichung (84) und das Glied $+\frac{1}{R}\operatorname{tg}\varphi\,\xi''$ in (86) werden wir bei nicht sehr großem η'' und Δy dagegen wohl vernachlässigen können.

Es sei ferner darauf verwiesen, daß wir nicht wie in [3] und [4] relative Schwereanomalien, d. h. die Differenzen der Schwereanomalien (Δg) gegen die Schwereanomalie im Zentrum (Δg_0)

$$\Delta g - \Delta g_0$$

eingeführt haben.

Wie aus unseren vorstehenden Entwickelungen hervorgeht, werden in unseren Formeln (76), (77), (78), (83), (84), (85), (86) die ursprünglichen Schwereanomalien

$$\Delta g$$

eingesetzt. Die Bildung der Differenzen der Schwereanomalien ist also überflüssig.

IV

Wir wollen für N auch noch die Reihenentwickelung nach Gauss-Krüger-Koordinaten

$$X,\ Y$$

angeben.

Die Entwickelung lautet bekanntlich

$$N = N_0 + N_X \Delta X + N_Y \Delta Y + \frac{1}{2} N_{XX} \Delta X^2 + N_{XY} \Delta X \Delta Y + \frac{1}{2} N_{YY} \Delta Y^2 \tag{89}$$

Die Differentialquotienten bezüglich der Gauss-Krüger-Koordinaten ergeben sich auf einfache Weise aus den Differentialquotienten bezüglich der geographischen Koordinaten (29), (30), (76), (77), (78). Es ist im einzelnen:

$$N_X = N_\varphi \cdot \varphi_X + N_\lambda \cdot \lambda_X \tag{90}$$

$$N_Y = N_\varphi \cdot \varphi_Y + N_\lambda \cdot \lambda_Y \tag{91}$$

$$N_{XX} = N_{\varphi\varphi}(\varphi_X)^2 + 2 N_{\varphi\lambda}\varphi_X \lambda_X + N_{\lambda\lambda}(\lambda_X)^2 + N_\varphi \varphi_{XX} + N_\lambda \lambda_{XX} \tag{92}$$

$$N_{XY} = N_{YX} = N_{\varphi\varphi}\varphi_X \varphi_Y + N_{\varphi\lambda}\varphi_X \lambda_Y + N_{\lambda\varphi}\lambda_X \varphi_Y + N_{\lambda\lambda}\lambda_X \lambda_Y + N_\varphi \varphi_{XY} + N_\lambda \lambda_{XY} \tag{93}$$

$$N_{YY} = N_{\varphi\varphi}(\varphi_Y)^2 + 2 N_{\varphi\lambda}\varphi_Y \lambda_Y + N_{\lambda\lambda}(\lambda_Y)^2 + N_\varphi \varphi_{YY} + N_\lambda \lambda_{YY} \tag{94}$$

Wir betrachten den Entwickelungspunkt der Reihe (89) als auf dem Nullmeridian des Gauss-Krügerschen Systems liegend. Die Differentialquotienten für φ, λ bzgl. X und Y lauten, [6], S. 160:

$$\left.\begin{aligned}
\varphi_X &= \frac{1}{N_0}(1+\eta_0^2) \cong \frac{1}{R}\\
\varphi_Y &= 0\\
\lambda_X &= 0\\
\lambda_Y &= \frac{1}{N_0 \cos\varphi_0} \cong \frac{1}{R\cos\varphi}
\end{aligned}\right\} \tag{95}$$

$$\left.\begin{aligned}
\varphi_{XX} &= \frac{3}{N_0^2} t_0 (-\eta_0^2 - \eta_0^4) \cong 0\\
\varphi_{XY} &= 0\\
\varphi_{YY} &= \frac{1}{N_0^2} t_0 (-1 - \eta_0^2) \cong -\frac{\operatorname{tg}\varphi}{R^2}\\
\lambda_{XX} &= 0\\
\lambda_{XY} &= \frac{1}{N_0^2 \cos\varphi_0} t_0 \cong \frac{1}{R^2\cos\varphi}\operatorname{tg}\varphi\\
\lambda_{YY} &= 0
\end{aligned}\right\} \tag{96}$$

Die entsprechenden Differentialquotienten für einen Entwickelungspunkt, der weit vom Nullmeridian entfernt liegt, ergeben sich unschwer ebenfalls aus den Formeln von Hristow [6], S. 160.

Mit (95) und (96) ergibt sich aus (90) bis (94):

$$N_X = \frac{1}{R} N_\varphi = -\xi \tag{97}$$

$$N_Y = \frac{1}{R\cos\varphi} N_\lambda = -\eta \tag{98}$$

$$N_{XX} = \frac{1}{R^2} N_{\varphi\varphi} \tag{99}$$

$$N_{XY} = N_{YX} = \frac{1}{R^2\cos\varphi} N_{\varphi\lambda} + \frac{1}{R^2\cos\varphi} \operatorname{tg}\varphi \cdot N_\lambda \tag{100}$$

$$N_{YY} = \frac{1}{R^2\cos^2\varphi} N_{\lambda\lambda} - \frac{1}{R^2} \operatorname{tg}\varphi \cdot N_\varphi \tag{101}$$

Literatur

[1] Baeschlin: Lehrbuch der Geodäsie. Orell Füssli Verlag, Zürich, 1948.

[2] Vening-Meinesz: A formula expressing the deflection of the plumbline... Proceedings of the Koninklijke Akademie van Wetenschappen te Amsterdam. Vol. XXXI, Nr. 3, 1928.

[3] De Graaff-Hunter, J.: Geodetic uses of gravity measurements and their appropriate reduction. Proc. Roy. Soc. A, Vol. 206, 1951.

[4] Tengström, E.: Outlines of a method for determining the Geoid in Sweden by free-air anomalies. Rikets Allmänna Kartverk, Meddelande Nr. 22, Stockholm 1954.

[5] Cook, A. H.: The calculation of deflexions of the vertical from gravity anomalies. Proc. Roy. Soc. A, Vol. 204, 1950.

[6] Hristow, W. K.: Die Gaussschen und geographischen Koordinaten auf dem Ellipsoid von Krassowsky. VEB Verlag Technik, Berlin 1954.

B. Ein Beitrag zum astronomisch-gravimetrischen Nivellement

Bei der Durchführung eines astronomischen Nivellements werden, wenn man von der Lotkrümmung absieht, Unterschiede der Geoidundulationen ΔN_e aus den Lotabweichungskomponenten in bezug auf das Referenzellipsoid und in Richtung des Geoidprofils λ_e bekanntlich nach folgender Formel bestimmt:

$$\Delta N_e = -\int_A^B \lambda_e \, ds \tag{1}$$

Wir führen ferner gravimetrische Lotabweichungen λ_g, die sich auf das mittlere Erdellipsoid beziehen, ein und erhalten rein formal und mit derselben Genauigkeit wie Gleichung (1)

$$\Delta N_e = -\int_A^B \lambda_g \, ds + \int_A^B (+\lambda_g - \lambda_e)\, ds \tag{2}$$

$$\Delta N_e = +\Delta N_g + \int_A^B (\lambda_g - \lambda_e)\, ds \tag{3}$$

Entlang der Linie $AB = S$ gelte für die Unterschiede der astronomischen und gravimetrischen Lotabweichungen folgende Potenzreihe:

$$\lambda_g - \lambda_e = (\lambda_g - \lambda_e)_A + c_1 \cdot s + c_2 s^2 + \cdots \tag{4}$$

$$(\lambda_g - \lambda_e)_B = (\lambda_g - \lambda_e)_A + c_1 S + c_2 S^2 + \cdots \tag{5}$$

So ergibt sich aus (3)

$$\Delta N_e = +\Delta N_g + (\lambda_g - \lambda_e)_A \cdot S + \frac{1}{2} c_1 S^2 + \frac{1}{3} c_2 S^3 + \cdots \tag{6}$$

Nach (5) ist

$$\frac{1}{2} c_1 S^2 = \frac{1}{2} [(\lambda_g - \lambda_e)_B - (\lambda_g - \lambda_e)_A] S - \frac{1}{2} c_2 S^3 + \cdots \tag{7}$$

Aus (6) und (7) finden wir

$$\Delta N_e = +\Delta N_g + \frac{1}{2} [(\lambda_g - \lambda_e)_A + (\lambda_g - \lambda_e)_B] S - \frac{1}{6} c_2 S^3 + \cdots \tag{8}$$

Wir wollen die Größe des Gliedes $-\frac{1}{6} c_2 S^3$ abschätzen. Bezeichnen wir mit n die linearen Abstände zwischen dem Referenzellipsoid und dem mittleren Erdellipsoid, so gilt in 1. Näherung, [1], Gl. 20:

$$n = \cos\varphi \cos\lambda \, dt_x + \cos\varphi \sin\lambda \, dt_y + \sin\varphi \, dt_z - da + \sin^2\varphi \, d\varepsilon \tag{9}$$

Für die Differenzen von n gilt ferner

$$\Delta n = \Delta N_g - \Delta N_e = -(\lambda_g - \lambda_e)_A S - \frac{1}{2} c_1 S^2 - \frac{1}{3} c_2 S^3 - \cdots \tag{10}$$

Δn entlang eines Meridians ist gleich

$$\left.\begin{aligned} \Delta n \cong {} & [-\sin\varphi \cos\lambda \, dt_x - \sin\varphi \sin\lambda \, dt_y + \cos\varphi \, dt_z + \sin 2\varphi \, d\varepsilon] \frac{1}{R} \Delta S + \\ & + \frac{1}{2} [-\cos\varphi \cos\lambda \, dt_x - \cos\varphi \sin\lambda \, dt_y - \sin\varphi \, dt_z + 2 \cos 2\varphi \, d\varepsilon] \frac{1}{R^2} \Delta S^2 + \\ & + \frac{1}{6} [+\sin\varphi \cos\lambda \, dt_x + \sin\varphi \sin\lambda \, dt_y - \cos\varphi \, dt_z - 4 \sin 2\varphi \, d\varepsilon] \frac{1}{R^3} \Delta S^3 + \cdots \end{aligned}\right\} \tag{11}$$

So erhalten wir aus (10) und (11)

$$c_2 \cong -\frac{1}{2} [\sin\varphi_A \cos\lambda_A \, dt_x + \sin\varphi_A \sin\lambda_A \, dt_y - \cos\varphi_A \, dt_z - 4 \sin 2\varphi_A \, d\varepsilon] \frac{1}{R^3} \tag{12}$$

Wir finden ferner, [1], Gl. (21):

$$(\xi_g - \xi_e)_A \cdot R = \sin\varphi_A \cos\lambda_A \, dt_x + \sin\varphi_A \sin\lambda_A \, dt_y - \cos\varphi_A \, dt_z - \sin 2\varphi_A \, d\varepsilon \tag{13}$$

So ergibt sich:

$$c_2 \cong -\frac{1}{2}\left[(\xi_g - \xi_e)_A \cdot R - 3\sin 2\varphi_A \, d\varepsilon \frac{1}{R^3}\right.$$

Und mit $d\varepsilon = -R\,\mathfrak{a}^2 d\left(\frac{1}{\mathfrak{a}}\right)$

$$c_2 \cong -\frac{1}{2}\left[(\xi_g - \xi_e)_A + 3\sin 2\varphi_A \cdot \mathfrak{a}^2 d\left(\frac{1}{\mathfrak{a}}\right)\right]\frac{1}{R^2}$$

So wird schließlich:

$$-\frac{1}{6}c_2 S^3 \cong +\frac{1}{12}\left[(\xi_g - \xi_e)_A + 3\sin 2\varphi_A \cdot \mathfrak{a}^2 d\left(\frac{1}{\mathfrak{a}}\right)\right]\frac{1}{R^2}S^3$$

Mit $(\lambda_g - \lambda_e)_A = +20''/\varrho''$ $\quad d\left(\frac{1}{\mathfrak{a}}\right) = +2\,,\quad S = 200\text{ km},\ 2\varphi_A = 90°$

erhalten wir

$$-\frac{1}{6}c_2 \cdot S^3 \cong 2{,}7\text{ mm}$$

Wir können also praktisch streng setzen:

$$\Delta N_e = \Delta N_g + \frac{1}{2}S \cdot (\lambda_{g\,A} + \lambda_{g\,B}) - \frac{1}{2}S\,(\lambda_{e\,A} + \lambda_{e\,B}) \tag{14}$$

Setzen wir ferner:

$$\Delta\overline{N} = \Delta N_g + \frac{1}{2}S\,(\lambda_{g\,A} + \lambda_{g\,B}) \tag{15}$$

So ist $\Delta\overline{N}$ die Verbesserung des astronomischen Nivellements aufgrund der vorhandenen Schwerewerte.

Wir könnten die Aufgabe auch dadurch lösen, daß in dem Punkt mitten zwischen den Punkten A und B die astronomische und die gravimetrische Lotabweichung eingeführt wird. Wir wollen hier aber bei der Gleichung (15) bleiben. Sind

$$N_{g\,A} \qquad \text{und} \qquad N_{g\,B}$$

die gravimetrischen Geoidundulationen in den Endpunkten der astronomisch-gravimetrischen Nivellementsstrecke, so wird

$$\Delta\overline{N} = N_{g\,B} - N_{g\,A} + \frac{1}{2}S\,[\lambda_{g\,A} + \lambda_{g\,B}] \tag{16}$$

Machen wir $\frac{1}{2}S$ zur Längeneinheit, so finden wir

$$\Delta\overline{N} = N_{g\,B} - N_{g\,A} + \lambda_{g\,A} + \lambda_{g\,B} \tag{17}$$

Für die Glieder auf der rechten Seite der Gleichung gelten nach Stokes und Vening-Meinesz für das Profil AB in Abb. 3 folgende Formeln:

$$N_{g\,A} = \frac{1}{4\pi G R}\int_F \Delta g\, S_T(\psi_1)\, dF = \frac{R}{4\pi G}\int_0^{2\pi} d\alpha \int_0^{\pi} \Delta g\, S_T(\psi_1) \sin\psi_1 \, d\psi_1 \tag{18}$$

$$N_{g\,B} = \frac{1}{4\pi G R}\int_F \Delta g\, S_T(\psi_2)\, dF = \frac{R}{4\pi G}\int_0^{2\pi} d\alpha \int_0^{\pi} \Delta g\, S_T(\psi_2) \sin\psi_2 \, d\psi_2 \tag{19}$$

$$\lambda_{g\,A} = +\frac{\varrho''}{4\pi g R^2}\int_F \Delta g \cos\alpha \left(\frac{dS_T}{d\psi}\right)_{\psi_1} dF = -\frac{1}{2\pi}\int_0^{2\pi} \cos\alpha\, d\alpha \int_0^{\pi} \Delta g\, V_M(\psi_1)\, d\psi_1 \tag{20}$$

$$\lambda_{g\,B} = +\frac{\varrho''}{4\pi g R^2}\int_F \Delta g \cos\beta \left(\frac{dS_T}{d\psi}\right)_{\psi_2} dF = -\frac{1}{2\pi}\int_0^{2\pi} \cos\beta\, d\beta \int_0^{\pi} \Delta g\, V_M(\psi_2)\, d\psi_2 \tag{21}$$

dF ist das Flächenelement der mittleren Erdkugel. ψ_1, ψ_2 sind die sphärischen Abstände von den Punkten A bzw. B. α und β die Azimute dieser sphärischen Bögen.

Es gilt ferner

$$\left.\begin{aligned} S_T(\psi) &= \frac{2}{\psi} - \frac{53}{12}\psi - 3\ln\psi + \ln 8 - 4 + \ldots \\ \sin\psi\frac{dS_T}{d\psi} &= -\frac{2}{\psi} - \frac{49}{12}\psi + 3\psi^2\ln\psi - 3 + \ldots \\ V_M(\psi) &= -\frac{\varrho''}{2G}\sin\psi\frac{dS_T}{d\psi} \end{aligned}\right\} \tag{22}$$

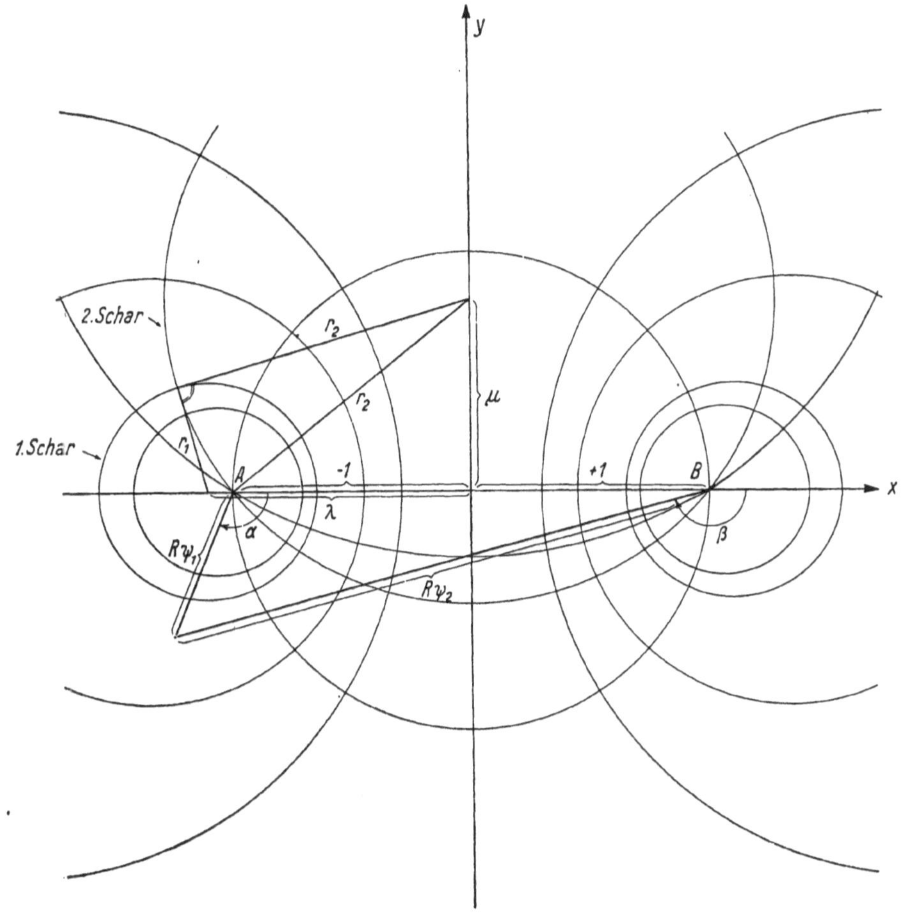

Abb. 3

So erhalten wir:

$$\Delta\overline{N} = \frac{1}{4\pi GR}\left[\int_F \Delta g\, S_T(\psi_2)\, dF - \int_F \Delta g\, S_T(\psi_1)\, dF\right] + $$
$$+ \frac{1}{4\pi GR^2}\left[\int_F \Delta g \cos\alpha \left(\frac{dS_T}{d\psi}\right)_{\psi_1} dF + \int_F \Delta g \cos\beta \left(\frac{dS_T}{d\psi}\right)_{\psi_2} dF\right] \tag{23}$$

Bei der Integration betrachten wir die Integrationsfläche nicht als Kugel, sondern in genügender Annäherung als Ebene. Die Gleichungen für $S_T(\psi)$ und $\frac{dS_T}{d\psi}$ können wir wie folgt vereinfachen:

$$S_T(\psi) \cong \frac{2}{\psi} \qquad \frac{dS_T}{d\psi} \cong -\frac{2}{\psi^2} \tag{24}$$

So erhalten wir aus (23) folgendes Integral:

$$\Delta \bar{N} \cong \frac{1}{2\pi G} \int\limits_F \Delta g \left[\frac{1}{\psi_2 R} - \frac{1}{\psi_1 R} - \frac{\cos\alpha}{\psi_1^2 R^2} - \frac{\cos\beta}{\psi_2^2 R^2}\right] dF \tag{25}$$

Es entsteht nun die Frage, welches Koordinatensystem zweckmäßigerweise bei der Integration einzuführen ist. Wir könnten uns hier z. B. für ein System konfokaler Ellipsen und Hyperbeln entscheiden, wobei die Punkte A und B die Pole des Systems sind, [2]. Nun müssen wir aber die Integration für die unmittelbar um die Punkte A und B gelegenen Flächenstücke gesondert durchführen, weil der Integrand in (25) bei Annäherung an einen der Punkte A und B gegen unendlich geht.

Bei dieser gesonderten Integration gilt innerhalb der um A und B liegenden Zone für die Schwereanomalie Δg folgender Ansatz:

$$\left.\begin{aligned} \Delta g_1 &= \Delta g_A + R\,\psi_1 \cos\alpha \left(\frac{\partial \Delta g}{\partial x}\right)_A - R\,\psi_1 \sin\alpha \left(\frac{\partial \Delta g}{\partial y}\right)_A \\ \Delta g_2 &= \Delta g_B + R\,\psi_2 \cos\beta \left(\frac{\partial \Delta g}{\partial x}\right)_B - R\,\psi_2 \sin\beta \left(\frac{\partial \Delta g}{\partial y}\right)_B \end{aligned}\right\} \tag{26}$$

Damit die letzten beiden Gleichungen innerhalb der um die Punkte A und B ausgewählten Flächenstücke im allgemeinen möglichst gut erfüllt werden, müssen diese ausgewählten Flächenstücke eine zweckmäßige Gestalt haben. Wir erkennen sofort, daß es sich empfiehlt, den Flächenstücken die Kreisform zu geben. Die Radien der Kreise werden dann so gewählt, daß innerhalb der Kreise die Isanomalen-Linien äquidistant und parallel sind.

Wählt man konfokale Hyperbeln und Ellipsen als Koordinatensystem, so werden die zur Rede stehenden Flächenstücke also teilweise durch eine Hyperbel und teilweise durch eine Ellipse begrenzt und die extremalen Größen des Radiusvektors dieser Begrenzungslinie haben etwa das Verhältnis 1:2, beim Kreis dagegen beträgt dieses Verhältnis 1:1. So schlagen wir vor, das Koordinatensystem aus zwei Scharen von orthogonalen Kreisen zu bilden (Abb. 3).

Bei der Berechnung der gravimetrischen Verbesserung des astronomischen Nivellements $\Delta \bar{N}$ wollen wir jetzt ähnlich vorgehen wie bei der Berechnung der gravimetrischen Lotabweichungen. Auf die Anomalienkarte wird eine mit einer Netzeinteilung versehene transparente Folie gelegt. Für jedes Flächenelement des Netzes wird die mittlere Anomalie interpoliert. Die Netzeinteilung soll so gewählt werden, daß im wesentlichen jedes Flächenelement auf $\Delta \bar{N}$ die gleiche Wirkung ausübt. Man braucht also im wesentlichen nur über die interpolierten Anomalienwerte Δg zu addieren und die Summe mit einem bestimmten Faktor zu multiplizieren, um $\Delta \bar{N}$ zu erhalten.

Die Gleichungen der beiden Scharen von orthogonalen Kreisen lauten:

$$(x - \lambda)^2 + y^2 - r_1^2 = 0 \qquad \text{1. Schar} \tag{27}$$

$$x^2 + (y - \mu)^2 - r_2^2 = 0 \qquad \text{2. Schar} \tag{28}$$

Wir finden leicht folgende Beziehungen:

$$\left.\begin{aligned} r_2^2 &= \mu^2 + 1 \\ r_2^2 + r_1^2 &= \mu^2 + \lambda^2 \\ r_1^2 &= \lambda^2 - 1 \end{aligned}\right\} \tag{29}$$

Mit (29) ergibt sich für (27) und (28):

$$x^2 - 2\,x\,\lambda + y^2 + 1 = 0 \tag{30}$$

$$x^2 + y^2 - 2\mu\,y - 1 = 0 \tag{31}$$

Aus (30) und (31) finden wir:

$$\lambda\,x - \mu\,y - 1 = 0 \tag{32}$$

Wir stellen λ und μ als Funktion von x und y dar:

$$\lambda = \frac{x^2 + y^2 + 1}{2\,x} \tag{33}$$

$$\mu = \frac{x^2 + y^2 - 1}{2\,y} \tag{34}$$

Aus (32) finden wir:

$$x = \frac{\mu}{\lambda} y + \frac{1}{\lambda} \tag{35}$$

$$y = \frac{\lambda}{\mu} x - \frac{1}{\mu} \tag{36}$$

Wir setzen (36) in (30) und (35) in (31) ein, und erhalten:

$$x = \frac{\underset{+}{\sqrt{\mu^2+1}}}{\mu^2+\lambda^2}\left[\lambda \underset{+}{\sqrt{\mu^2+1}} - \mu \underset{+}{\sqrt{\lambda^2-1}}\right] \tag{37}$$

$$y = \frac{\underset{+}{\sqrt{\lambda^2-1}}}{\mu^2+\lambda^2}\left[\mu \underset{+}{\sqrt{\lambda^2-1}} - \lambda \underset{+}{\sqrt{\mu^2+1}}\right] \tag{38}$$

Die Vorzeichen beziehen sich auf den zwischen der $+\,y$-Achse und der $-x$-Achse gelegenen Quadranten.

$$x = \frac{r_2}{r_1^2 + r_2^2}[\lambda r_2 - \mu r_1] \tag{39}$$

$$y = \frac{r_1}{r_1^2 + r_2^2}[\mu r_1 - \lambda r_2] \tag{40}$$

$$x = -\frac{r_2}{r_1} y \quad (41) \qquad\qquad y = -\frac{r_1}{r_2} x \quad (42)$$

Die für das Integral (25) benötigten Werte errechnen sich aus x und y wie folgt:

$$\psi_1 R = \underset{+}{\sqrt{y^2 + (x+1)^2}} \tag{43}$$

$$\psi_2 R = \underset{+}{\sqrt{y^2 + (x-1)^2}} \tag{44}$$

mit $\cos\alpha = \frac{x+1}{\psi_1 R}$ $\qquad \cos\beta = \frac{x-1}{\psi_2 R}$

wird (25):

$$\Delta\bar{N} \cong \frac{1}{2\pi G}\int\limits_F \Delta g \left[\frac{1}{\psi_2 R} - \frac{1}{\psi_1 R} - \frac{x+1}{\psi_1^3 R^3} - \frac{x-1}{\psi_2^3 R^3}\right] dF \tag{45}$$

Wir bestimmen noch das Flächenelement

$$dF = \underset{+}{\sqrt{\Delta^2}}\, d\mu\, d\lambda \tag{46}$$

Δ ist die Funktionaldeterminante

$$\Delta = \begin{vmatrix} x_\lambda & x_\mu \\ y_\lambda & y_\mu \end{vmatrix} \tag{47}$$

Es ergibt sich

$$\Delta = \left(\frac{y}{r_1}\right)^2 = \left(\frac{x}{r_2}\right)^2 \tag{48}$$

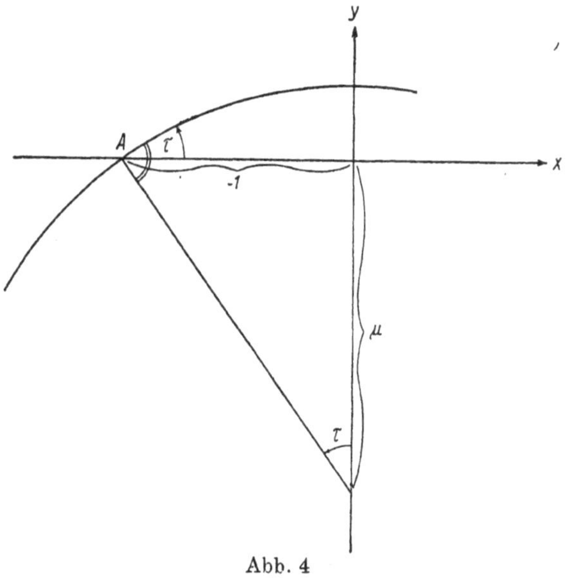

Abb. 4

Statt μ führen wir als Parameter der zweiten Schar besser den Schnittwinkel τ der Kreise mit der x-Achse in den Punkten A und B ein.

Aus Abb. 4 entnehmen wir:

$$\mu = -\operatorname{ctg}\tau \tag{49}$$

$$d\mu = \frac{1}{\sin^2\tau}\, d\tau \tag{50}$$

Nun ist aber

$$\frac{1}{\sin^2\tau} = 1 + \operatorname{ctg}^2\tau = 1 + \mu^2 = r_2^2$$

Also

$$d\mu = r_2^2 \, d\tau \tag{51}$$

So erhalten wir schließlich

$$\Delta \bar{N} \cong + \frac{1}{2\pi G} \int\limits_{\tau=0}^{360^\circ} \left\{ \int\limits_{\lambda=-\infty}^{-1} + \int\limits_{\lambda=+1}^{+\infty} \right\} \Delta g \left[\frac{1}{\psi_2 R} - \frac{1}{\psi_1 R} - \frac{x+1}{\psi_1^3 R^3} - \frac{x-1}{\psi_2^3 R^3} \right] x^2 \, d\tau \, d\lambda \tag{52}$$

Die Integration nach (52) ist natürlich numerisch auszuführen. Die Berechnung des Gliedes

$$\left[\frac{1}{\psi_2 R} - \frac{1}{\psi_1 R} - \frac{x+1}{\psi_1^3 R^3} - \frac{x-1}{\psi_2^3 R^3} \right] x^2$$

im Integranden ist mit den Gleichungen (39), (42), (43) und (44) bei Benutzung einer automatischen Rechenmaschine nicht sehr kompliziert.

Literatur

[1] ARNOLD, K.: Das Minimumsprinzip für die Geoidundulationen bei der Bearbeitung astronomisch-geodätischer Netze. Veröff. d. Geodätischen Institutes Potsdam, Nr. 8. Akademie Verlag Berlin 1955.

[2] MOLODJENSKIJ, M. S.: Bestimmung der Gestalt des Geoids unter gemeinsamer Anwendung astronomischer-geodätischer Lotabweichungen und Schwerestörungen. Verh. d. Balt. Geod. Komm. Helsinki 1936.

C. Über die Bestimmung der Lotkrümmung

I

Für das Potential des Schwerefeldes der Erde gilt bekanntlich

$$W - W_0 = \int_{h=0}^{H} g_Q \cdot dh \tag{1}$$

W_0 ist der konstante Wert des Potentials auf dem Geoid, H ist die entlang der krummen Lotlinie gemessene orthometrische Höhe.

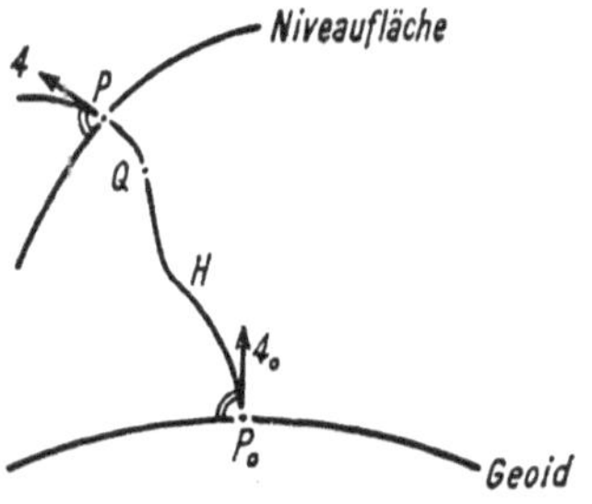

Abb. 5

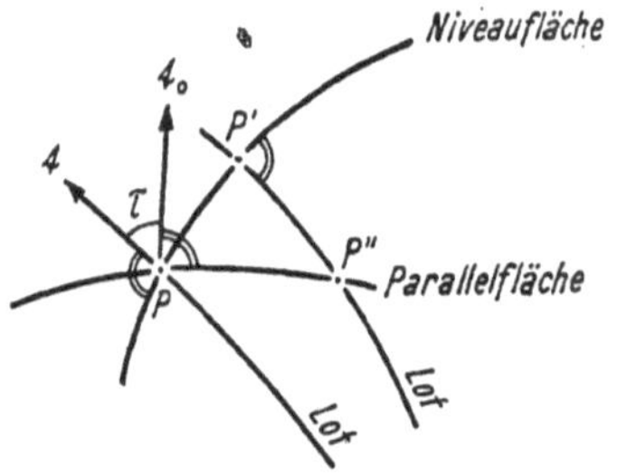

Abb. 6

$\mathfrak{t}_0$ bzw. $\mathfrak{t}$ sind in Abb. 5 die Tangenteneinheitsvektoren an die Lotlinie im Punkte P_0 bzw. P.

Ist $\varkappa$ die Krümmung der Lotlinie, so haben wir

$$\mathfrak{t}' = \frac{d\mathfrak{t}}{dh} = \varkappa \cdot \mathfrak{n} \tag{2}$$

$\mathfrak{n}$ ist in (2) der Normaleinheitsvektor.

Wir bezeichnen die Lotkrümmung, also den Winkel zwischen den Vektoren $\mathfrak{t}$ und $\mathfrak{t}_0$ mit τ und erhalten aus (2)

$$\mathfrak{t} - \mathfrak{t}_0 = \int_{h=0}^{H} \varkappa \cdot \mathfrak{n} \cdot dh \tag{3}$$

Zeichnen wir durch den Punkt P die Parallelfläche zum Geoid, vgl. Abb. 6, so erhalten wir aus dem rechtwinkligen Dreieck P, P', P'', wenn P' sich genügend dem Punkt P genähert hat,

$$\operatorname{tg} \tau \cong \tau = \frac{\overline{P'' P'}}{\overline{P' P}} \tag{4}$$

Wir wollen im folgenden die Komponente der Lotkrümmung in der Richtung s betrachten und haben dann

$$\tau_s = \frac{\overline{P'' P'}}{\overline{P' P}} \tag{4a}$$

wobei im folgenden $\overline{P''P'}$ und $\overline{P'P}$ als in der Richtung s genommen zu verstehen sind.

Es gilt ferner in genügender Annäherung, wie sich leicht zeigen läßt:

$$\frac{dH}{ds} = \frac{\overline{P' P''}}{\overline{P P'}} \tag{5}$$

So erhalten wir mit (4a) und (5)

$$\tau_s = \frac{dH}{ds} \tag{6}$$

Wir wenden uns nun der Gleichung (1) zu.

Entlang einer Niveaufläche gilt

$$\frac{d}{ds}(W - W_0) = \frac{d}{ds}\int\limits_{h=0}^{H} g_Q\, dh = 0 \tag{7}$$

mit

$$\frac{d}{ds}\int\limits_{h=0}^{H} g_Q\, dh = g\,\frac{dH}{ds} + \int\limits_{h=0}^{H} \frac{dg_Q}{ds}\, dh = 0 \tag{8}$$

In (7) und (8) können wir die Abhängigkeit des Linienelementes ds von der Höhe über dem Geoid vernachlässigen.

In (8) liegen die Richtungen ds der Differentiation in den Parallelflächen zum Geoid.
Aus (6) und (8) ergibt sich schließlich

$$\tau_s = -\frac{1}{g}\int\limits_{h=0}^{H} \frac{dg_Q}{ds}\, dh \tag{9}$$

Zur Bestimmung von (9) brauchen wir den horizontalen Gradienten der wahren Schwere entlang der Lotlinie PP_0. Für die Berechnung der wahren Schwere im Punkte Q, g_Q, (Abb. 5) sind folgende Werte nötig:

1. Die Oberflächenschwere g im Punkte P.
2. Die Komponente, die dadurch für die Vertikalintensität der Schwere im Punkte P entsteht, daß man die über dem Geoid gelegenen Erdmassen beseitigt.
3. Die strenge Freiluftreduktion für den Übergang von Punkt P zum Punkte Q, Δg_Q.
4. Die Komponente, die dadurch für die Vertikalintensität der Schwere im Punkte Q entsteht, daß die Erdmassen wieder über dem Geoid in ihrer tatsächlichen Verteilung gelagert werden, I_Q.

g_Q ergibt sich also folgendermaßen:

$$g_Q = g - I_P + \Delta g_Q + I_Q(H_Q) \tag{10}$$

Aus (9) und (10) folgt schließlich

$$\tau_s = -\frac{H}{g}\frac{dg}{ds} + \frac{1}{g}\int\limits_{h=0}^{H} \frac{d}{ds}(I_P - I_Q)\, dh - \frac{1}{g}\int\limits_{h=0}^{H} \frac{d\Delta g_Q}{ds}\cdot dh \tag{11}$$

In (11) kann die Richtung der Differentiation für $\frac{dg}{ds}$ in genügender Näherung auf der Niveaufläche des Punktes P liegen.

Wir wollen das dritte Glied der rechten Seite in der Gleichung (11) näher betrachten.

Nach einem bekannten Theorem von Bruns ergibt sich

$$\Delta g_Q = \left(2\,\frac{g_m(H_Q)}{\varrho_m(H_Q)} + 2\,\omega^2\right)(H - H_Q) \tag{12}$$

$g_m(H_Q)$ ist der Mittelwert für die Schwere im Bereich der Lotlinie von $h = H_Q$ bis $h = H$.

$\frac{1}{\varrho_m(H_Q)}$ ist der Durchschnittswert für die mittlere Krümmung $\frac{1}{\varrho}$ der Niveauflächen in demselben Bereich der Lotlinie.

ω ist in (12) die Winkelgeschwindigkeit der Erde.

Wir bilden den Differentialquotienten

$$\frac{d\Delta g_Q}{ds} = \frac{d}{ds}\left(2\,\frac{g_m(H_Q)}{\varrho_m(H_Q)} + 2\,\omega^2\right)(H - H_Q)$$

Bei der Differentiation entlang einer Parallelfläche zum Geoid sind H und H_Q konstant.

Also

$$\frac{d\Delta g_Q}{ds} = 2\,(H - H_Q)\,\frac{d}{ds}\left(\frac{g_m(H_Q)}{\varrho_m(H_Q)} + \omega^2\right)$$

und wegen der Konstanz von ω

$$\frac{d\Delta g_Q}{ds} = 2\,(H - H_Q)\,\frac{d}{ds}\left(\frac{g_m(H_Q)}{\varrho_m(H_Q)}\right)$$

nnd weiter

$$\frac{d\Delta g_Q}{ds} = 2\,(H - H_Q)\left[\frac{1}{\varrho_m(H_Q)}\,\frac{dg_m(H_Q)}{ds} - \frac{1}{\varrho_m^2(H_Q)}\,g_m(H_Q)\,\frac{d\varrho_m(H_Q)}{ds}\right] \tag{13}$$

Wir bilden den Mittelwert von

$$\frac{d\Delta g_Q}{ds}$$

für den Bereich der Lotlinie zwischen $h = 0$ und $h = H$ und erhalten in erster Annäherung

$$\left(\overline{\frac{d\Delta g_Q}{ds}}\right) = \frac{H}{R}\left(\overline{\frac{dg_m(H_Q)}{ds}}\right) - \frac{H}{R^2}\cdot g\cdot\left(\overline{\frac{d\varrho_m(H_Q)}{ds}}\right) \tag{14}$$

So ergibt sich als drittes Glied der Gleichung (11)

$$\bar{\tau}_s = -\frac{H}{g}\cdot\frac{H}{R}\left(\overline{\frac{dg_m(H_Q)}{ds}}\right) + \frac{H^2}{R^2}\left(\overline{\frac{d\varrho_m(H_Q)}{ds}}\right) \tag{15}$$

Vergleichen wir die ersten Glieder von (11) und (15), so erkennen wir, daß wir das erste Glied der Gleichung (15) vernachlässigen können.

Also

$$\bar{\tau}_s \cong \frac{H^2}{R^2}\left(\overline{\frac{d\varrho_m(H_Q)}{ds}}\right)\cdot\varrho'' \tag{16}$$

Soll $|\bar{\tau}_s|$ kleiner sein als $0''\!,1$, so darf man

$$\left(\overline{\frac{d\varrho_m(H_Q)}{ds}}\right)$$

nur vernachlässigen, wenn:

$$\left|\left(\overline{\frac{d\varrho_m(H_Q)}{ds}}\right)\right| < \frac{0''\!,1}{\varrho''}\cdot\frac{R^2}{H^2}$$

Setzen wir

$$\left(\overline{\frac{d\varrho_m(H_Q)}{ds}}\right) = R\chi \tag{17}$$

so folgt

$$|\chi| < \frac{0''\!,1}{\varrho''}\cdot\frac{R}{H^2} \tag{18}$$

mit $R = 6370\,\text{km}$ ergibt sich

$$|\chi| < 0{,}0031\,\frac{1}{H_{\text{km}}^2}\ [\text{km}^{-1}] \tag{19}$$

Der durch die Änderung der Mittleren Krümmung des Erdellipsoids entstehende „normale“ Teil von $R\chi$ ergibt sich folgendermaßen:

Die Mittlere Krümmung des Erdellipsoids beträgt:

$$\frac{1}{\varrho_e} = \frac{1}{2}\left(\frac{1}{M} + \frac{1}{N}\right)$$

M, N sind die Hauptkrümmungsradien im Meridian und im ersten Vertikal.

Es ist

$$M = \frac{c}{V^3} \qquad\qquad N = \frac{c}{V}$$

c ist der Krümmungsradius des Ellipsoids an den Polen und

$$V^2 = 1 + e'^2\cos^2\varphi$$

Also

$$\frac{1}{\varrho_e} = \frac{1}{2.c}[V^3 + V] \cong \frac{1}{R}(1 + e'^2 \cos^2 \varphi)$$

$$\varrho_e \cong R(1 - e'^2 \cos^2 \varphi)$$

$$\frac{d\varrho_e}{ds} \cong R e'^2 \sin 2\varphi \frac{d\varphi}{ds} \cong e'^2 \sin 2\varphi = 0{,}0068 \sin 2\varphi$$

$$\chi \cong \frac{1}{R}\frac{d\varrho_e}{ds} \cong \frac{0{,}0068}{R_{\text{km}}} \sin 2\varphi$$

Wir erkennen, daß der „normale" Anteil von $\bar{\tau}_s$ der Bedingung (19) immer genügt.

Für $R\chi$ setzen wir nun in erster Annäherung die horizontale Änderung des Krümmungsradius $\bar{\varrho}$ der an der Erdoberfläche liegenden Niveaufläche.

Der durch die horizontale Änderung der Lotabweichungen verursachte Teil von $R\chi$ kann erheblich größer als der „normale" Anteil sein, wie wir gleich sehen werden.

Die Krümmungsradien $\bar{\varrho}_1$ und $\bar{\varrho}_2$ der Niveaufläche (Abb. 7) ergeben sich nach einer bekannten Formel

$$\bar{\varrho}_1 = \frac{\delta s_1}{\delta \lambda_1} \qquad \bar{\varrho}_2 = \frac{\delta s_2}{\delta \lambda_2} \tag{20}$$

Wir setzen $\delta s_1 = \delta s_2 = \delta s = 1$ km. Dann folgt $\delta\lambda_2$ aus $\delta\lambda_1$:

$$\delta\lambda_2 = \delta\lambda_1 + \frac{d}{ds}(\delta\lambda_1)\, ds \tag{21}$$

In erster Annäherung ist

$$\delta\lambda_1 \cong \delta\lambda_2 \cong \delta\lambda = 32''$$

Also

$$\frac{d\bar{\varrho}}{ds} = \frac{\bar{\varrho}_2 - \bar{\varrho}_1}{ds} = \frac{\delta s}{ds}\left[\frac{1}{\delta\lambda_1\left(1 + \frac{1}{\delta\lambda_1}\frac{d}{ds}(\delta\lambda_1)\cdot ds\right)} - \frac{1}{\delta\lambda_1}\right]$$

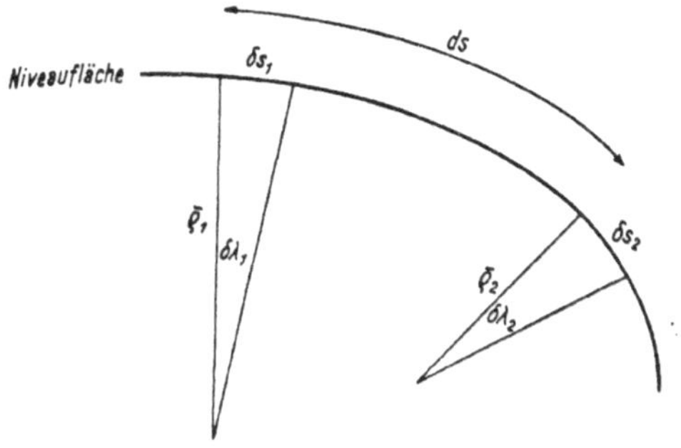

Abb. 7

und weil

$$d(\delta\lambda_1) < \delta\lambda_1$$

$$\frac{d\bar{\varrho}}{ds} \cong -R\frac{1}{\delta\lambda}\frac{d}{ds}(\delta\lambda) \tag{22}$$

$\delta\lambda$ setzt sich aus zwei Gliedern zusammen. Das erste Glied ist in genügender Annäherung konstant und nicht mit s veränderlich. Das zweite Glied ist die Änderung der Lotabweichungen auf der Linie $\delta s_1 = \delta s$.

Im Gebirge kann die Änderung von $\delta\lambda$, d. h. $\frac{d}{ds}(\delta\lambda)$, wesentliche Beträge annehmen, [5].

Setzen wir

$$\frac{d}{ds}(\delta\lambda) \cong 1'' \;[\text{km}^{-1}] \tag{23}$$

so ergibt sich

$$\frac{d\bar{\varrho}}{ds} = -R_{\text{km}} \cdot \frac{1''}{32''}$$

und mit (17)

$$|\chi| \cong \frac{1}{32} \cong 0{,}03 \;[\text{km}^{-1}] \tag{24}$$

χ befriedigt bei der gewählten Spezialisierung nur für $H < 0{,}3$ km die Gleichung (19).

Aus dem astronomischen Nivellement im Meridian des St. Gotthardt, [5], ist ersichtlich, daß

$$\frac{d}{ds}(\delta\lambda)$$

durchaus den in Gleichung (23) angegebenen Betrag erreichen kann.

Tafel I gibt den Verlauf der meridionalen Lotabweichungen ξ zwischen den Stationen $+43$ km bis $+3$ km an, [5]. Die Intervalle betragen 1 km. Die zweiten Differenzen sind die gesuchten Größen $\frac{d}{ds}(\delta\lambda)$. Wenn sich auch die beobachteten Lotabweichungen der Tafel I nicht alle auf dieselbe Niveaufläche beziehen, und wenn auch die über dem Geoid liegenden Erdmassen nicht beseitigt sind, so kann man aus dem astronomischen Nivellement im Meridian des St. Gotthardt durchaus das Resultat ableiten, daß die Gleichung (23) realen Wert haben kann. Im Punkt 19 ist der Betrag sogar achtmal so groß, obwohl die Meereshöhe dort nur 1050 m beträgt.

Bei der Anwendung isostatischer Reduktionen für die Schwere dürfte der Betrag

$$\frac{d}{ds}(\delta\lambda)$$

im allgemeinen am kleinsten sein.

Tafel I zeigt auch die Meereshöhe der einzelnen Stationen.

$\bar{\tau}_s$ wird nach (19) und (24) bei einer Meereshöhe von 1 km den Wert 1″ erreichen.

Freilich kann die gesamte Lotkrümmung τ_s, die sich nach folgender Formel bestimmt,

$$\tau_s = -\frac{H}{g}\frac{dg}{ds} + \frac{1}{g}\int\limits_{h=0}^{H}\frac{d}{ds}(I_P - I_Q)\,dh + \bar{\tau}_s \qquad (25)$$

Tafel I

Punkt	H_m	km	ξ	$\Delta\xi_i = \xi_{i+1} - \xi_i$	$\frac{d}{ds}(\delta\lambda) = \Delta\xi_{i+1} - \Delta\xi_i$
0	650	+43	—2″2	—0″5	
1	700	42	—2,7	—0,9	—0″4
2	750	41	—3,6	—1,4	—0,5
3	800	40	—5,0	—1,2	+0,2
4	700	39	—6,2	—1,0	+0,2
5	600	38	—7,2	—0,1	+0,9
6	500	37	—7,3	+0,8	+0,9
7	450	36	—6,5	+4,7	+3,9
8	300	35	—1,8	+2,3	—2,4
9	450	34	+0,5	+0,5	—1,8
10	500	33	+1,0	+0,5	0,0
11	550	32	+1,5	+0,7	+0,2
12	600	31	+2,2	+0,8	+0,1
13	650	30	+3,0	+0,8	0,0
14	650	29	+3,8	+1,1	+0,3
15	700	28	+4,9	+1,0	—0,1
16	700	27	+5,9	+0,2	—0,8
17	750	26	+6,1	+2,4	+2,2
18	700	25	+8,5	+1,5	—0,9
19	1050	24	+10,0	—6,4	—7,9
20	1150	23	+3,6	0,0	+6,4
21	950	22	+3,6	+0,7	+0,7
22	950	21	+4,3	—0,7	—1,4
23	950	20	+3,6	+2,2	+2,9
24	1000	19	+5,8	+0,7	—1,5
25	1150	18	+6,5	—2,3	—3,0
26	1100	17	+4,2	+1,0	+3,3
27	850	16	+5,2	+1,0	0,0
28	950	15	+6,2	+0,1	—0,9
29	1150	14	+6,3	—4,9	—5,0
30	1250	13	+1,4	—3,3	+1,6
31	1050	12	—1,9	0,0	+3,3
32	800	11	—1,9	+1,5	+1,5
33	600	10	—0,4	+2,7	+1,2
34	500	9	+2,3	+3,0	+0,3
35	550	8	+5,3	+4,0	+1,0
36	500	7	+9,3	+8,9	+4,9
37	550	6	+18,2	+4,4	—4,5
38	800	5	+22,6	—1,8	—6,2
39	1600	4	+20,8	—7,8	—6,0
40	1500	3	+13,0		

im Gebirge mehrere Sekunden betragen und die unvermeidlichen Fehler in den beiden ersten Gliedern der Gleichung (25) können dann möglicherweise auch den Betrag von 1″ erreichen.

Trotzdem sollte man bei der Bestimmung der Lotkrümmung nach (25) in höheren Lagen sich immer über die horizontale Änderung der Krümmung der Niveauflächen Sicherheit verschaffen.

II

Für die Bestimmung des ersten Gliedes

$$A = -\frac{H}{g}\frac{dg}{ds}$$

auf der rechten Seite der Gleichung (25) empfehlen wir folgenden Weg:

Auf der Erdoberfläche werden in einer geeignet groß gewählten Umgebung um den Punkt P mit einem guten Gravimeter die Schwereunterschiede an gleichmäßig verteilten Punkten gegenüber dem Zentrum P gemessen.

Wir schreiben dann für die beobachteten Schwerewerte g_i folgenden Ansatz hin

$$\Delta g_i + v_i = + g_x \cdot x + g_y \cdot y + g_z \cdot z + \frac{1}{2} g_{xx} \Delta x^2 + \frac{1}{2} g_{yy} \Delta y^2 + \frac{1}{2} g_{zz} \Delta z^2 + + g_{xy}\, x y + g_{xz}\, x z + g_{yz}\, y z \qquad (26)$$

x, y, sind die rechtwinkligen (horizontalen) Koordinaten der Punkte, an denen die Schweremessungen ausgeführt wurden. Der Punkt 0 wurde als Nullpunkt des Koordinatensystems gewählt. z ist der Höhenunterschied gegenüber dem Punkt 0.

Die Koordinaten x, y, z können z. B. durch Tachymeterzüge, Bussolenzüge, geometrisches Nivellement und ähnliche Verfahren bestimmt werden. Durch eine Ausgleichung vermittelnder Beobachtungen nach der Methode der kleinsten Quadrate lassen sich die plausibelsten Werte der Unbekannten der Gleichung (26) bestimmen. v_i ist die sich dabei ergebende Verbesserung.

Ist Θ das Azimut des Linienelementes ds in (25), so ergibt sich

$$\frac{dg}{ds}$$

aus g_x und g_y
folgendermaßen

$$\frac{dg}{ds} = g_x \cdot \cos\Theta + g_y \sin\Theta \qquad (27)$$

Für die Bestimmung des zweiten Gliedes der Gleichung (25)

$$B = \frac{1}{g}\int\limits_{h=0}^{H} \frac{d}{ds}(I_P - I_Q)\, dh$$

möchten wir folgenden Weg einschlagen:

Wir teilen die sichtbaren Erdmassen hinsichtlich des Grundrisses in einzelne Kompartimente C_{ik} (Sektorenabschnitte) ein. Der Einfluß eines einzelnen Kompartimentes C_{ik} auf B ist dann

$$\frac{1}{g}\int\limits_{h=0}^{H} \frac{d}{ds}(I_P - I_Q)_{C_{ik}}\, dh = c_{ik}$$

c_{ik} ist u. a. von der Topographie der Erdoberfläche, von der Größe des Kompartimentes C_{ik} und dessen Lage relativ zum Punkte P, sowie von der Richtung s in der die Komponente der Lotkrümmung zu bestimmen ist abhängig.

Für c_{ik} lassen sich geeignete Tabellen angeben: Wir erhalten dann B durch Summation über alle c_{ik}

$$B = \sum_i \sum_k c_{ik} \qquad (28)$$

III

Für die Bestimmung von

$$\frac{dg}{ds}$$

nach (27) in Verbindung mit (26) wollen wir noch ein Beispiel angeben:

Abb. 8 gibt die Lage der Punkte an, an denen mit einem modernen Askania-Gravimeter die Schwere bestimmt wurde. Der Punkt 0 ist der Zentralpunkt (Abb. 8).

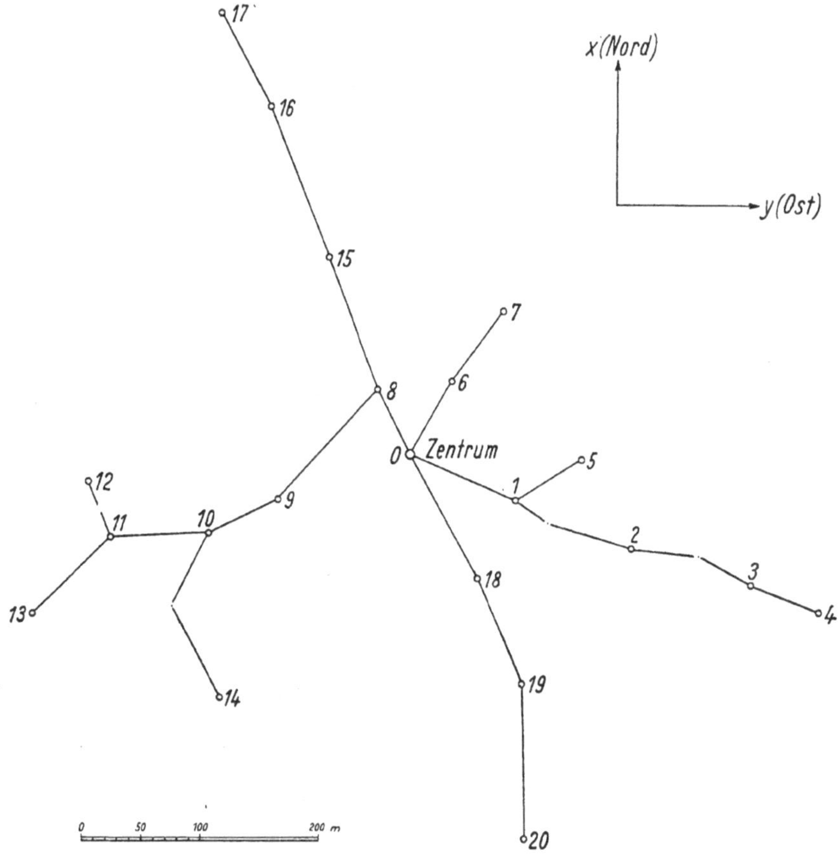

Abb. 8

Tafel II enthält die vollständigen Verbesserungsgleichungen nach Gleichung (26), einschließlich der Schwereunterschiede $-l_i$. In der letzten Spalte sind die übrigbleibenden Verbesserungen angegeben.

Über die Dimensionen der Koeffizienten bei den Unbekannten

$$g_y, g_x \ldots\ldots g_{yz}$$

ist folgendes zu bemerken:

Die Einheiten von y und x sind gleich 100 Meter, die von z gleich 10 Meter.

Die Auflösungen der Normalgleichungen ergab folgende Werte für die Unbekannten

$$g_y = -0{,}1971 \qquad g_x = +\,0{,}0163 \qquad g_z = -1{,}9310$$

$$\frac{1}{2}\,g_{xx} = +\,0{,}0182 \qquad \frac{1}{2}\,g_{yy} = -0{,}0570 \qquad \frac{1}{2}\,g_{zz} = -0{,}0520$$

$$g_{xy} = -0{,}1694 \qquad g_{xz} = +\,0{,}0134 \qquad g_{yz} = -0{,}1153$$

$\frac{dg}{ds}$ errechnet sich also folgendermaßen, wenn wir als Dimension $\frac{\text{mgal}}{\text{km}}$ einführen

$$\frac{dg}{ds} = +\,0{,}163 \cos\Theta - 1{,}971 \sin\Theta$$

Tafel II

	$-l_{i(\text{mgal})}$	y	x	z	x^2	y^2	z^2	xy	xz	yz	$v_{(\text{mgal})}$
1	+0,01	+0,8882	—0,3640	—0,0300	+ 0,1325	+ 0,7889	+0,0009	—0,3233	+0,0109	—0,0266	—0,0977
2	+0,11	+1,8610	—0,7691	—0,0920	+ 0,5915	+ 3,4633	+0,0085	—1,4313	+0,0707	—0,1712	—0,0156
3	+0,48	+2,8613	—1,0711	—0,0400	+ 1,1472	+ 8,1870	+0,0016	—3,0647	+0,0428	—0,1144	+0,0629
4	+1,04	+3,4387	—1,2978	+0,2120	+ 1,6843	+11,8246	+0,0449	—4,4627	—0,2751	+0,7290	—0,0457
5	+2,60	+1,4420	—0,0334	+1,0060	+ 0,0011	+ 2,0794	+1,0120	—0,0482	—0,0336	+1,4506	+0,0420
6	+1,26	+0,3492	+0,5995	+0,5930	+ 0,3594	+ 0,1219	+0,3516	+0,2093	+0,3555	+0,2071	—0,0174
7	+2,48	+0,7823	+1,1835	+1,0540	+ 1,4007	+ 0,6120	+1,1109	+0,9258	+1,2474	+0,8245	+0,0075
8	+0,03	—0,2722	+0,5301	+0,0340	+ 0,2810	— 0,0741	+0,0012	—0,1443	+0,0180	—0,0092	+0,0532
9	—0,08	—1,1034	—0,3725	—0,0020	+ 0,1388	+ 1,2175	+0,0000	+0,4110	+0,0007	+0,0022	—0,0015
10	+0,72	—1,6817	—0,6527	+0,4230	+ 0,4260	+ 2,8281	+0,1789	+1,0976	—0,2761	—0,7114	—0,0463
11	+2,52	—2,5007	—0,6885	+1,3590	+ 0,4740	+ 6,2535	+1,8469	+1,7217	—0,9357	—3,3984	+0,0212
12	+1,84	—2,6894	—0,2223	+1,0910	+ 0,0494	+ 7,2329	+1,1903	+0,5978	—0,2425	—2,9341	+0,0202
13	+4,83	—3,1551	—1,3293	+2,4520	+ 1,7670	+ 9,9546	+6,0123	+4,1941	—3,2594	—7,7363	—0,0147
14	+2,84	—1,5879	—2,0344	+1,3510	+ 4,1388	+ 2,5214	+1,8252	+3,2304	—2,7485	—2,1452	+0,0110
15	—1,01	—0,6780	+1,6394	—0,3500	+ 2,6876	+ 0,4597	+0,1225	—1,1115	—0,5738	+0,2373	—0,0042
16	—2,98	—1,1703	+2,8799	—1,2140	+ 8,2938	+ 1,3696	+1,4738	—3,3703	—3,4962	+1,4207	—0,0016
17	—4,44	—1,5851	+3,6535	—1,8650	+13,3481	+ 2,5125	+3,4782	—5,7912	—6,8138	+2,9562	+0,0010
18	—1,44	+0,5619	—1,0245	—0,7860	+ 1,0496	+ 0,3157	+0,6178	—0,5757	+0,8052	—0,4416	+0,0785
19	—3,22	+0,9424	—1,9027	—1,5800	+ 3,6203	+ 0,8881	+2,4964	—1,7931	+3,0063	—1,4890	+0,0154
20	—6,32	+0,9637	—3,1873	—3,0620	+10,1589	+ 0,9287	+9,3758	—3,0716	+9,7595	—2,9508	—0,0134

Interessant ist noch das Studium der mittleren Fehler μ einer Schwereunterschiedsbestimmung vor und nach der Ausgleichung. Vor der Ausgleichung ermittelten wir aus den Doppelmessungen

$$\mu_1 = \pm\ 0{,}020 \text{ mgal},$$

nach der Ausgleichung ergab sich

$$\mu_2 = \pm\ 0{,}052 \text{ mgal},$$

Der Einfluß geringer, eng begrenzter, lokaler Massenunregelmäßigkeiten auf die Schwereunterschiede wird also mit

$$\mu_3 = \sqrt{\mu_2^2 - \mu_1^2} = \pm\ 0{,}049 \text{ mgal}$$

abgeschätzt.

Literatur

[1] Ledersteger, K.: Die Reduktion der astronomischen Beobachtungen wegen Lotkrümmung. Schweiz. Z. f. Vermessung, Kulturtechnik und Photogrammetrie. 1955, 8.

[2] Baeschlin, C. F.; Lehrbuch der Geodäsie. Orell Füssli Verlag Zürich 1948.

[3] Hopfner, F.: Grundlagen der Höheren Geodäsie. Wien 1949.

[4] Ertel, H.: Ein Theorem über die Feldstärke in Potentialfeldern. Sitzungsberichte der Deutschen Akademie d. Wissenschaften zu Berlin, Klasse f. Math. u. allg. Naturwiss. 1954/2.

[5] Schweizerische Geodätische Kommission: Astronomisch-geodätische Arbeiten in der Schweiz. Bd. 19. I. 1932. Das astronomische Nivellement im Meridian des St. Gotthardt. Bearbeitet von E. Hunziker.

[6] Bruns, H.: Die Figur der Erde. Veröff. des Königl. Preuß. Geod. Inst. 1878.

FSC
www.fsc.org
MIX
Papier | Fördert gute Waldnutzung
FSC® C083411

Kolibri 360 GmbH
Ferdinand-Jühlke-Straße 7
99095 Erfurt, Deutschland
produktsicherheit@kolibri360.de